The Roses Gardener's Bible

The Roses Gardener's Bible

玫瑰栽培
完全聖經

前京成玫瑰園首席園藝設計師
鈴木滿男 監修

前言

枝頭吐新綠，滿溢著盛開的玫瑰花，讓心情也跟著繽紛亮麗起來。倘若是自己親手栽培的玫瑰，想必會更加美麗，更加惹人憐愛吧！

但是，玫瑰不是把苗種下去，就能綻放美麗花朵的植物。要讓它長成健康強健的植株，才能開出漂亮優質的花朵。因此，必須隨著不同成長階段給予適當的照料。這並非難事。為了讓玫瑰能充分展現本身所擁有的自然之力，只需給予一點點幫助即可。

用人類的成長過程去想玫瑰的成長，應該就很容易了解。春天的新苗就好像新生的小寶寶一樣。不能粗魯對待，相較於較大的植株，在管理上要給予更細心的呵護和照顧。過了夏天，應該就進入有點頑皮的幼兒時期了吧！經過第2年的學童期、第3年的青春期，逐漸長成如大人般強健充實的植株。

長成大人就要進行摘心（或摘芽），促進枝葉增生，幫助其健康成長。生病的時候要幫它治病，調整飲食（土或肥料）的內容，讓它休息靜養。這些事情不就跟人類是一樣的嗎？

2

玫瑰的栽培不能操之過急。若照料得好，它可以陪伴你10年甚至20年。施很多肥料不一定能讓枝條生長延伸，也不一定會讓植株快點長大成人。更何況，那樣就算是強壯健康的植株嗎？並非如此。只要讓玫瑰一年長一年該長的分量，這樣就算是好的栽培管理了。

過度地照顧與保護，讓玫瑰無法發揮靠自己成長的力量，使其變得嬌生慣養，這樣是最不好的。不要過於呵護，適度地放手會比較好。健康的玫瑰代表其耐病蟲害的能力強。盡可能地減少藥劑使用量，若是耐病性強的品種，無農藥栽培並非不可能。

本書是玫瑰栽培的教科書，裡面整理了如何養出強健植株，開出美麗花朵的訣竅。

除了讓你知道玫瑰新苗和大苗的成長過程，還會向你說明為何需要這樣的栽培作業，為什麼要按照這樣的程序進行。我擁有超過40年的玫瑰栽培經驗，在本書裡我將會傾囊相授。讀過本書，了解栽培作業的目的和培育健康植株的程序，即使遇到料想外的麻煩問題應該也能應付。

培育出美麗的玫瑰花並非只是夢想。傾聽玫瑰的聲音，給予適度的管理，玫瑰就會用它美麗的身姿回應你。

任何人都能打造玫瑰花簇擁盛開的美麗空間。

鈴木滿男

審定推薦序 ❀ ＜愛花人集合＞ 陳坤燦

　　玫瑰，相信是許多人的最愛，優美典雅的花形、馥郁芬芳的香味，多麼令人嚮往花園中能夠種上幾株。但受限於長夏氣候型的台灣天氣，長時間的高溫使得適合溫帶氣候的玫瑰生長衰弱、病蟲滋生。讓人們在栽培上總是受到許多挫折，甚至望玫瑰興歎。每每羨慕國外氣候得宜的環境，能種出茂盛、碩大的花朵。但其實除了氣候條件不同之外，栽培管理的技術知識不足，才是使玫瑰種不好的關鍵。台灣一直缺乏合適的玫瑰書籍，網路資訊也眾說紛紜，讓想栽培玫瑰的人無法有系統且清晰的了解玫瑰特性與管理技術。

　　日本最著名的玫瑰園「京成玫瑰園」，是玫瑰愛好者的朝聖之地。該園的前首席園藝設計師鈴木滿男先生，是京成玫瑰園得以完美展現的推手。由他監修的《玫瑰栽培完全聖經》，從玫瑰的基本認識開始，到選購、種植、庭園設計、修剪、繁殖、病蟲害防治等，進行詳細的說明與示範，是栽培玫瑰的實用書。而且中文版特別經過日方的同意，由台灣的玫瑰栽培達人，依據台灣栽培的經驗進行內容的調整，不同於一般翻譯書的照單全收，相信對於讀者會有非常實際的幫助。

　　玫瑰、月季、薔薇，這三個讓人混淆名字，常令人費解甚至爭執不休。在植物學上，薔薇科薔薇屬的植物有 150 種以上的原生種，其中分佈東亞溫帶地區的 *Rosa rugosa* 因為果實晶瑩紅豔如玫瑰（原為紅色寶玉的意思），因此被取名為「玫瑰」；原產中國的 *Rosa chinensis*，因為有月月開、季季開的終年開花特性，因此命名為「月季」；至於其他薔薇屬植物，則多以某某薔薇命名，例如野薔薇、犬薔薇…等。園藝栽培的玫瑰，都是由各種薔薇與玫瑰、月季等原生種雜交育成的。這些雜交育出的品種怎麼稱呼，則因為地方習慣不同而有差別。台灣稱為「玫瑰」，中國叫做「月季」，日本以バラ名之，漢字則寫為「薔薇」，這三個名詞代表薔薇屬植物的雜交品種群，英文就是 Rose。因此正如莎士比亞在《羅密歐與茱麗葉》中的名句：「A rose by any other name would smell as sweet. 玫瑰易名，馨香如故。」你說是嗎？

陳坤燦

❖ 陳坤燦

園藝研究家，喜歡研究及拍攝花草，致力於園藝推廣教育。
現任職於台北市錫瑠環境綠化基金會。部落格「愛花人集合！」版主，
發表園藝相關文章一千餘篇，堪稱花友及網友最推崇的園藝活字典。

　Blog：愛花人集合！
http://i-hua.blogspot.tw/

審定推薦序 <台北玫瑰園> 陳主奉

　　我很開心終於等到一本針對玫瑰栽培的寶典了！有幸在其中分享台北玫瑰園五年來的心得。在網路不流行的時代，愛上玫瑰的花友只能閉門造車或四處尋找有經驗的人請益。直到有了 Google 大神的此時，有關玫瑰資訊的交流雖熱絡起來，但是在台灣玫瑰的栽培技術依然像神秘的武林秘笈，需要有緣人才有機會遇到。主要原因是玫瑰栽培的中文書籍實在寥寥可數。反觀在溫帶氣候的玫瑰天堂如日本、歐美等國家介紹玫瑰的書籍資料從來不缺，這讓台灣玫瑰花友羨慕不已。因文字的障礙，加上是外國的栽培資訊，花友只能看圖揣摩原意，總有隔靴搔癢之憾。

　　今日終於有一本玫瑰專家的著作翻譯成人人可懂的中文書籍，出版社還用心獲得作者同意，因應台灣亞熱帶的氣候，調整栽培管理的時節與重點，雖因台灣南北氣候稍有差異，但已是非常難得的參考書籍，相信《玫瑰栽培完全聖經》定能給花友解除栽培上的疑惑，且拋磚引玉讓更多台灣玫瑰專家出版玫瑰栽培書籍，分享經驗，這應是玫瑰愛好者殷切的期盼。

❖ 陳主奉

從事園藝栽培工作三十年，栽培草花、觀葉、菊花、玫瑰等作物，如士林官邸菊展的大立菊與台北玫瑰園都是多年努力的成果。場地佈置與大型花卉展覽佈展是另一項累積的工作經驗。將栽培的花卉透過景觀設計呈現給民眾欣賞，是園藝工作者最快樂的享受。

6月	7月	8月	9月	10月	11月	12月
			可地植玫瑰（將盆植玫瑰地植，土團須完整）			
			可移植玫瑰（地植玫瑰挖起移植，或土團破壞，或裸根苗）			
			中修剪（秋剪）		中南部強修剪 （蔓玫修剪牽引）	
			除芽			
立柱固定	防高溫障礙可 ① 覆蓋根部土面 ② 噴灑水霧降溫					
不可施放有機長效肥。 可澆灌液態肥，或施放少量化學長效顆粒肥			中剪後施放長效有機肥料， 並可澆灌液態肥		中南部強修剪蔓玫後， 可施長效有機肥料	
	可扦插					
	可嫁接					

6月	7月	8月	9月	10月	11月	12月
			移植玫瑰（植株挖起移至它處，土團破壞或裸根種植）。 可種植小苗			
			中修剪（秋剪）		中南部強修剪 （蔓玫修剪牽引）	
			除芽			
立柱固定	防高溫障礙可 ① 覆蓋根部土面 ② 噴灑水霧降溫 ③ 移至遮蔭處					
不可施放有機長效肥。 可澆灌液態肥，或施放少量化學長效顆粒肥			中剪後施放長效有機肥料， 並可澆灌液態肥		中南部強修剪蔓玫後， 可施長效有機肥料	

玫瑰的庭園栽種和盆植栽種，一年12個月的栽培管理及栽培作業整理如下表。
玫瑰的栽種有時需視生長環境和當年的氣候及氣溫，適度微調最適作業時期。
下表可做為你栽種玫瑰的參考指南。

❖ 庭園栽培曆 ❖

主要作業		1月	2月	3月	4月	5月
種植	種植	可地植玫瑰（將盆植玫瑰地植，土團須完整）				
	移植	可移植玫瑰（地植玫瑰挖起移植，或土團破壞，或裸根苗）				
修剪	修剪、牽引	強修剪（中北部蔓玫修剪牽引）		謝花後的修剪		
	摘心、除芽	除芽與筍芽摘心				
管理	防暑、防颱					
	追肥、澆水	強剪後施放長效有機肥料，並可澆灌液態肥		澆灌液態肥		
	病蟲害防治	全年病蟲害防治				
繁殖	扦插法	可扦插				
	嫁接法	可嫁接				
	高壓法、壓條法	全年可高壓或壓條法				

❖ 盆植栽培曆 ❖

主要作業		1月	2月	3月	4月	5月
種植	種植	玫瑰換盆（小盆換大盆，土團須完整）				
	移植	移植玫瑰（植株挖起移至它處，土團破壞或裸根種植）。可種植小苗				
修剪	修剪、牽引	強修剪（中北部蔓玫修剪牽引）		謝花後的修剪		
	摘心、除芽	除芽與筍芽摘心				
管理	防暑、防颱					
	追肥、澆水	澆灌液態肥，強剪後施放長效有機肥料		澆灌液態肥		
	病蟲害防治	全年病蟲害防治				

註 以上栽培曆，是根據台灣的氣候環境，與諮詢栽培玫瑰專業人士的建議，重新編製而成，已非原本日文書籍中的栽培曆資訊。

▲在庭園的中央佈置成像島一樣的玫瑰花叢。樹上滿佈著盛開的白色阿斯匹靈玫瑰（Aspirin Rose），間或點綴著橘色的古典焦糖玫瑰（Caramel Antike），巧妙地融為一體。

Rose Garden **①**

小沢宅邸 ＊千葉縣柏市

面積約 165 ㎡ ／玫瑰約 70 株

閑靜的住宅區的一角，有一個樹叢環繞的玫瑰庭院。女主人因為偶然造訪了其它玫瑰園，感受到栽培玫瑰的魅力，所以誕生了這座玫瑰園。

這個被各色花朵簇擁的玫瑰庭院的園藝工作，聽說有時也會請男主人幫忙，這個方形庭院裡不管是草皮、通道或角落均經過妥善地規劃運用，玫瑰和草花也搭配得恰到好處，花繁簇錦引人入勝，相得益彰。

自然的動線規劃，花繁簇錦引人入勝，相得益彰。

令人賞心悅目，流連忘返。

令人憧憬的 愜意 玫瑰生活

享受玫瑰綻放盛開的風姿，是佈置玫瑰圍繞簇擁的生活，身邊有玫瑰圍繞簇擁的生活，心情也不禁變得絢麗多彩。這裡將要介紹三個在春天和秋天能感受不同風情的美麗庭院。

▲（跟右邊的照片）同樣的花壇，在前年秋天的樣子。在玫瑰開花較少的夏天～秋天，用秋明菊等草花來點綴庭園。

▲大輪玫瑰並排種植，面向鄰家的花壇。色調鮮明的玫瑰與背景的四照花和斑葉杞柳等綠色植物，以及種在基部的白花紫蘭等草花融為一體，綠意盎然，令人神清氣爽。這些正在開花的玫瑰是「卡琳卡」、「維克多·雨果（Victor Hugo）」、「伊豆舞孃」、「阿爾封斯·都德（Alphonse Daudet）」。

▼照片前方的「伊夫·伯爵（Yves Piaget）」和照片後方的「卡琳卡（Summer Lady）」，形成顏色的漸層變化。

▲種在花壇的「笑顏」。

▲庭院的一角鋪著瓷磚，上面擺放著花園桌椅。坐在椅子上時，玫瑰美景盡收眼底，成為主人假日的休憩空間。照片前方的橘色「笑顏」，好像庭院中間的一束溫暖陽光。

▲連結建築物和庭院的拱門花架。在拱門花架上的是「蔓伊甸（Pierre De Ronsard）」，爛漫盛開的花朵滿溢而下。

◀從庭院入口處往內部延伸的通道上，以多個盆栽並排於兩側，佈置成盆栽花園的風格。依據開花期或花色調整變換玫瑰盆栽擺放的場所，為庭院景觀增添變化。

◀用庭院裡剪下來的玫瑰來裝飾客廳的桌子。用這種方式處理開花後修剪時所剪下來的四季開花玫瑰，也頗具樂趣。

沿著通往玫瑰園的石板路前進，心裡越發期待拱門的另一邊有什麼樣的花兒在迎接。淡桃色花瓣的中心有著深色塊斑的灌木玫瑰「萬眾矚目 (Eyes for You)」，從周圍同色系玫瑰裡脫穎而出，成了吸睛主角。

西岡夫婦。選玫瑰雖然看似是以太太的意見為主，但事實上，先生也從網路等通路不知不覺買了不少玫瑰。有了玫瑰，讓兩夫妻越來越有話題可聊。

Rose Garden

西岡宅邸 ＊千葉縣千葉市 ②

面積約 165 ㎡／玫瑰約 200 株

沿著住宅區緩緩而上的斜坡道路往前走，盛開滿溢的玫瑰花海突然映入眼簾，西岡夫婦在自家住宅斜對面的地方，打造了一個只有玫瑰的花園。

除了自家的庭院，他們希望能有另一個地方，能讓路過行人飽覽繁花盛開的美景，同時窄受芬芳怡人的花香。

兩夫婦便是用這樣的心情在管理這座花園。先生每個星期一都把切下來的玫瑰帶出去上班。

他如是說道：

「希望讓工作場所的同事們，也能享受到玫瑰的花香。」

這是一個對玫瑰傾注了無限關愛，能療癒人心的玫瑰園。

▲秋天的樣子。除了「萬眾矚目」之外，紫色的「西比拉盧森堡公主 (Princesse Sibilla de Luxembourg)」等等品種，即使秋天也能享受賞花樂趣。

10

▲用來裝飾拱門的粉紅色英國玫瑰「葛楚德‧傑克（Gertrude Jekyll）」，散發古典玫瑰系列的濃郁香氣。

▲角落的主角，紫紅色的「布羅德男爵（Baron Girod de l'Ain）」。

▼太太說她喜歡玫瑰的浪漫氣氛。甜蜜粉紅系列的玫瑰花開滿了整個花園。

▲下雨之後拍攝到的照片，在眾多頭兒低垂的花朵裡傲然屹立著的是「快舉（Kaikyo）」。

◀往花園裡面走，可看見用黃色玫瑰裝飾的拱門花架豎立迎接我。纏繞攀附在拱門上的「園丁的榮耀（Gardener's glory）」，其腳下是橘色的「La Dolce Vita」。

◀最深處是以「蔓性冰山（Iceberg, Climbing）」為主角的白色玫瑰角落區。這裡擺設著長凳，可坐下來欣賞喜愛的花兒，享受寧靜的片刻時光。

▲被誘引攀附在入口附近之拱門上的「安琪拉（Angela）」，體質強健，枝條延伸力強，蔓延生長成漂亮的半圓形花叢。

▲玄關前面的空間，排了一列盆栽做為裝飾。配合開花時期，變換擺放花盆或是花箱，也是很有樂趣的一件事。

玄關旁邊的棚架是男主人自己建造的。用玫瑰裝飾建築物外牆，替周遭的風景增添色彩。

原本的興趣是佈置山野草庭院的米川先生。在街上一間偶然經過的種苗店裡，接觸並感受到玫瑰的魅力，因而開啟了玫瑰栽培之路。

現在其附近區域喜歡玫瑰栽培的同好變多了，一邊交換情報，一邊相互競爭玫瑰開花的數量。

隨著玫瑰數量的增加，日本山雀、綠繡眼、栗耳短腳鵯等鳥類也爭相造訪這個花園。

他很大方地說「非常歡迎小鳥們來幫我把蟲吃掉」。

喜歡從廚房的窗邊觀賞玫瑰。一邊欣賞玫瑰和小鳥，一邊喝茶，是種植玫瑰的樂趣之一。

大量盛開的玫瑰幾乎覆蓋了整個棚架。主要是以英國玫瑰為主，包括了「派特奧斯丁 (Pat Austin)」、「布萊斯之魂 (Blythe Spirit)」、「金色慶典 (Golden Celebration)」、「新雪」、「皇家日落 (Royal Sunset)」，顏色多彩多姿。

▼為了能眺望庭院裡的玫瑰，廚房採多面玻璃的設計。在開放式的廚房裡，一邊欣賞喜愛的玫瑰，一邊做料理，也別有一番樂趣。

▲從二樓的陽台眺望庭院，玫瑰與鄰居的庭院看起來好像串連在一起，感覺庭院變寬廣了。

▶蔓性玫瑰和木立性玫瑰巧妙地搭配在一起，表現玫瑰花的高度變化。攀附在壁面上的是「蔓性夏之雪（Summer Snow, Climbing）」，其枝條向上延伸，幾乎快到二樓。地面和棚架、壁面和花叢，層層疊疊，爭相鬥艷，好不熱鬧。

▼與客廳相連的棚架下設置了網格花架，誘引「皮埃爾歐格女士（Madame Pierre Oger）」攀附其上。其誘引的方式，讓玫瑰不至於生長得過度稠密，不會給人壓迫感。保留適度的空間也會讓庭院的通風變好。

▲在種植了山野草的地面上隨意擺放了一盆「浪漫寶貝（Baby Romantica）」。

◀主人似乎偏好劍瓣高心型的玫瑰。只有一莖一花的大輪玫瑰，難免顯得有點寂寥冷清，因此搭配蔓性玫瑰一起栽種。前面的紅色「紅獅（Red Lion）」和蔓性玫瑰的「萊沃庫森（Leverkusen）」保持了適度的間隔，自然巧妙的配置讓人在賞花時不會有視覺上的壓迫感。

▼朝南的庭院，處處可見主人利用棚架和拱門營造庭院的立體感。

前言 2

審定推薦序　愛花人集合 — 陳坤燦 4

審定推薦序　台北玫瑰園 — 陳主奉 5

成為玫瑰種植高手
玫瑰栽培曆 6

令人憧憬的
愜意玫瑰生活 8

Lesson 1　栽培玫瑰的基礎知識　19 → 46

玫瑰的知識

各種不同的系統分類 — 玫瑰的種類 20
　●古典玫瑰的主要系統　●現代玫瑰的主要系統　●何謂古董玫瑰

認識玫瑰長成之後的樣貌 — 玫瑰的樹形 24
　●矮叢型玫瑰　●灌木型玫瑰　●蔓性玫瑰

展現美麗風采 — 玫瑰的開花方式 26
　●花形的種類　●花瓣的種類

建議你記起來玫瑰各部位名稱 28

彰顯華麗氣息 — 玫瑰的香氣 29

玫瑰苗的準備

你應該知道的挑選玫瑰苗的訣竅 30
　●取得玫瑰苗的方法　●新苗和大苗的特徵　●新苗挑選時應注意事項　●大苗挑選時應注意事項　●開花苗挑選時應注意事項　●蔓玫瑰苗挑選時應注意事項　●選擇時要跟同品種做比較

種類太多不知如何選擇 — 品種選擇要點 34
　●思考一下栽種的空間　●以品種的性質作為選擇的考量　●參考得獎歷史等等因素　●去玫瑰園實地參觀各式各樣的品種

栽培的道具

建議事先備齊栽培玫瑰的基本工具 36
　●剪定鋏的保養方法

[專欄] 讓你做園藝工作也能美麗有型的園藝用品 38

介質和肥料

整頓栽培環境 — 玫瑰的栽培介質 40
　●主要介質　●介質的調配比例

成長不可或缺 — 栽培玫瑰使用的肥料 42
　●基本的施肥方法　●肥料的3大要素　●使用有機肥料　●肥料的種類　●適合用於玫瑰的有機肥料　●熔成磷肥要跟其它肥料分開施肥

[專欄] 更多有關玫瑰的知識！繁殖培育玫瑰的砧木 46

Lesson 2 庭園設計和玫瑰品種介紹　47 → 86

玫瑰的園藝設計

善用樹形享受造景樂趣 — 玫瑰的造型應用
● 標準型樹玫瑰　● 圍籬（或柵欄）　● 地被玫瑰　● 牆面
● 網格花架　● 錐型花架　● 玫瑰花床　● 棚架、屋頂　● 拱門 ……48

打造憧憬的庭院 — 玫瑰園的設計
● 玫瑰園的設計步驟　● 陽台的設計
● 集合住宅必須先確認管理規章　● 小庭院的設計
● 藉由風格或色調的統一，提升格調　● 大庭院的設計
● 設計訣竅就是從大型物體開始做決定 ……52

花的選擇

按類型選擇適合栽種的玫瑰花品種
● 耐病害品種　● 耐陰品種　● 耐熱品種
● 耐寒品種　● 適合盆植栽種　● 適合庭園栽種 ……60

樹形栽培方式多樣化 — 推薦的迷你玫瑰品種
● 迷你玫瑰的樹形和樹形栽培方式　● 推薦的迷你玫瑰品種 ……76

能夠襯托玫瑰 — 適合搭配玫瑰栽種的草花
● 點綴玫瑰植株基部的草花　● 耐日陰或半日陰的草花
● 中型到大型的草花 ……78

[專欄] 增添空間視覺美感的園藝用品 ……82

[Q&A] 想知道更多！選玫瑰的Q&A ……84

[專欄] 更多有關玫瑰的知識！玫瑰相關的各式競賽 ……86

Lesson 3 玫瑰苗的種植和繁殖方法　87 → 128

玫瑰的生長

從幼苗至成株 — 玫瑰的生長週期
● 新苗的成長過程　● 成株的管理 ……88

盆植栽種

享受盆植栽種的樂趣 — 選擇合適的介質和盆器
● 盆植玫瑰的介質調配比例範例　● 泥炭土的使用方式
● 盆器的尺寸和號數　● 各種型式的盆器 ……92

在春天進行新苗換盆
● 新苗的換盆　● 換盆·幼苗移植的澆水訣竅 ……94

在秋天進行大苗的種植
● 大苗的種植 ……96

養出健康的盆栽 — 換盆後的管理......98
●追肥 ●換盆 ●成株的換土 ●澆水

配合環境選擇栽種品種 — 陽台的盆植栽種......102
●適合陽台栽種的品種 ●陽台栽種應注意事項
●陽台栽種玫瑰的訣竅 ●盆土的回收使用

[Q&A]想知道更多！盆植栽種Q&A......104

庭園栽種
3大重要因素 — 庭園栽種玫瑰的環境......106
●營造良好的環境（日照、通風、排水） ●遇到無法整頓庭園的環境時

從春天開始生長之盆栽植株的庭植......108
●定植至庭園

冬季的庭園栽種 — 大苗的種植......110
●大苗的種植

享受更多種植樂趣 — 新苗、蔓玫苗的種植......112
●新苗的種植 ●蔓玫苗的種植 ●植株的移植 ●防止忌地現象

培育出更健康的植株 — 庭園栽種之後的管理......114
●庭園栽種的澆水 ●正確的澆水方法

寒肥的施肥（台灣：修剪後施肥）......116
[Q&A]想知道更多！庭園栽種Q&A

玫瑰的繁殖
利用扦插進行繁殖......118
●扦插法 ●扦插後的作業

利用嫁接進行繁殖......122
●嫁接法 ●芽接法 ●切接苗的栽培方法
●切接法 ●芽接法 ●切接苗的移植

利用空中壓條進行繁殖......126
●空中壓條法 ●空中壓條後的作業：空中壓條苗的移植
●切接後的作業：切接苗的移植

[專欄]享受更多玫瑰帶來的樂趣！來喝玫瑰花草茶吧！......128

Lesson 4

玫瑰的四季照料方法

129 → 188

玫瑰栽培作業
玫瑰栽培不可欠缺8的大重要作業......130
●培育玫瑰的必要作業

日常管理
打造良好樹形 — 筍芽的摘心......132
●何謂筍芽？ ●筍芽的摘心
●何謂摘心？ ●輕摘心與重摘心

從幼苗至成株 — 新梢的摘心......134
●新苗的成長與新梢的萌發

去除不需要的芽 — 除芽作業 ……136
◈除芽的方法 ◈長出不定芽時

長時間賞花的技巧 — 摘除花蕾 ……138
◈新苗的摘蕾 ◈盲枝的摘芽

使其再次綻放花朵 — 開花後的修剪作業 ……140
◈一莖多花型的開花後修剪 ◈晚秋的開花後修剪 ◈寒冷地帶，晚秋的開花是必要的 ◈春、夏的開花後修剪

維持樹形以保健康 — 修剪作業的必要性 ……142
◈秋季中修剪與冬季強修剪 ◈玫瑰修剪的基礎 ◈外芽與內芽

修剪

預想秋季的開花期來決定 — 秋季中修剪的時期 ……144
◈秋季修剪的時期 ◈需要趁早修剪的品種 ◈秋季修剪的6大基本要點

各種玫瑰樹形的 — 秋季中修剪重點 ……146
◈葉片掉落的虛弱植株 ◈秋季修剪的5大基本要點

在春季新芽開始活動前 — 冬季的強剪作業 ……150
◈各種玫瑰的修剪標準 ◈冬季修剪的範本

為了打造強健植株 — 幼苗時期的冬季修剪 ……154

保留較多枝條數量 — 盆植栽種的冬季修剪 ……156

〈修剪實作〉矮叢型玫瑰 — 大輪玫瑰 ……160

〈修剪實作〉矮叢型玫瑰 — 中輪豐花玫瑰 ……162

〈修剪實作〉英國玫瑰等等 — 灌木型玫瑰 ……164

〈修剪實作〉古典玫瑰與原生種 ……166

誘引

與修剪一起進行蔓性玫瑰的誘引 ……170
◈蔓性玫瑰的修剪與誘引5大要點

安排在柵欄上 — 平面的誘引 ……172

安排在花柱上 — 立體的誘引 ……176
◈枝條裂開時如何處理

蔓性玫瑰多樣化的誘引方式 — 各種形式的誘引範例 ……178
◈花床 ◈拱門 ◈花柱 ◈棚架 ◈線性誘引 ◈直立性灌木型玫瑰處理成蔓性玫瑰

迷你玫瑰

病蟲害的應對處理 — 培育迷你玫瑰的技巧 ……180
◈開花後修剪 ◈驅除葉蟎 ◈冬季修剪

生理妨害

暑熱、寒冷、強風 — 季節性的管理 ……182
◈抗暑對策 ◈抗寒對策 ◈颱風對策

［Q&A］想知道更多！玫瑰照料Q&A ……184

［專欄］享受更多玫瑰帶來的樂趣！拍出漂亮的玫瑰照片 ……188

Lesson 5

玫瑰的病蟲害對策

189 ↓ 202

預防病蟲害

整頓栽培環境 —— 病蟲害的預防……190
●抑制病蟲害的重點 ●玫瑰常用的市售藥劑

正確使用很重要 —— 散布藥劑的方法……192
●散布藥劑的方法與重點 ●藥液的製作方法
●必要的藥液量與使用的藥劑量 ●不易溶於水的藥劑如何調和 ●防範藥害

疾病與害蟲

栽培玫瑰須格外留意各種疾病……194
●白粉病 ●黑點病 ●灰黴病 ●銹病 ●根瘤病
●露菌病 ●保護新芽以免植株全滅

一發現就馬上驅除附著於玫瑰的害蟲……198

[Q&A] 想知道更多！病蟲害對策Q&A……202

中文版特別收錄

附錄C 玫瑰名稱索引

附錄B 建議熟記的用語解說……204

附錄A 玫瑰專家鈴木推薦的日本各地玫瑰園……206

208

① 台灣北、中、南賞玫景點推薦……210

② 玫瑰購買與入門品種推薦100款……216

216　210　　　208　206　204　　　202　198　　　　194　　　　　192　　　190

玫瑰專家
鈴木的
秘藏知識
分享

鈴木滿男
前京成玫瑰園首席
園藝設計師。除了
培育玫瑰之外，也
擔任座談會、技術
指導、玫瑰競賽評
審等工作。

庭園栽種時，要了解庭園從以前至今的狀況……40

特別推薦的有機肥料是完熟馬糞堆肥……44

要先有玫瑰栽培做為基礎才能實現你夢想中的設計……53

一開始就用太大的盆器會讓苗變得嬌生慣養……95

盆栽因乾燥而凋萎的話怎麼辦？……103

苗的狀態也要注意……107

支撐玫瑰植株的支柱建議使用竹子……109

並非所有玫瑰都會新梢更新……133

獨自長出的大苗新芽請摘除……135

因寒冷停止生長的芽，其依附的枝條頂端不需要切除……137

幼苗期可分為繁花盛開期及避免開花期……139

皮革手套仔細搓揉使其更合手……143

長有許多側枝時，請限制留下來的枝條數量……161

沒有修剪過的植株，先修剪成一半高度……163

繩子在枝條上繞一圈固定……177

讓黑點病的植株重獲新生……195

「枝枯病」只要植株健康就能預防……197

請不要錯失害蟲的跡象……201

201　197　195　177　163　161　143　139　137　135　133　109　107　103　95　53　44　40

栽培玫瑰的
基礎知識

玫瑰的知識 ❶

玫瑰的種類

各種不同的系統分類

紅衣主教黎胥留
Cardinal de Richelieu

法國玫瑰
Gallica Rose

是以原生於歐洲至中東一帶的高盧薔薇（*Rosa gallica*）為源頭培育出來的品種。從羅馬時代開始有人栽種，是非常古老的系統。樹高約 1 公尺左右，以矮叢型的樹形為主，花莖刺少，據說是紅玫瑰的始祖。

古典玫瑰的主要系統

白花玫瑰
Alba Rose

據說是以大馬士革玫瑰和原生於中歐的犬薔薇的雜交種白花薔薇（*Rosa Alba*）為基礎改良育成的系統。樹高大概能長至 2 公尺左右。有很多耐寒性強、體質強健的品種。花色為白色到淡粉紅色都有。

波特蘭玫瑰
Portland Rose

最早出現具重複開花性的古典玫瑰。有一種說法認為它是利用大馬士革玫瑰系和法國玫瑰系的交配種所繁衍出來的系統。花色是鮮艷深紅色或粉紅色。開花方式為半重瓣型到四分簇生型。擁有大馬士革香氣。

大馬士革玫瑰
Damask Rose

以高盧薔薇和腓尼基薔薇（原生於中東地區）的自然雜交種大馬士革薔薇，與高盧薔薇和麝香薔薇（原生於喜馬拉雅山脈至北非一帶）的雜交種雙季大馬士革薔薇（*Rosa damascena var. bifera*）為親本所交配出來的系統。大多品種的樹高都在 1.5 公尺左右。很多品種都散發著香甜濃郁的「大馬士革香氣」。

半重瓣白薔薇
Rosa Alba Semi-Plena

紫花之王玫瑰
Rose de Roi a Fleurs Pourpres

珍特曼夫人
Madame Zoetmans

原生種和園藝品種、古典玫瑰和現代玫瑰

玫瑰是薔薇科薔薇屬的落葉灌木（一部分為常綠灌木）。據說全世界約有 100～150 種原生種玫瑰，除此之外，還有很多變種和自然雜交種。

人工交配雖然是從進入 19 世紀之後才開始的，但在那之前，還是有因栽培過程中的雜交而誕生出幾個品種。這類雜交的品種以及用人為方式交配所培育出來的品種，就是所謂的園藝品種。

在早期有很長一段時間是以承襲波斯和羅馬之品種系譜的歐洲，以及以中國為中心的東方世界，分別各自進行玫瑰的改良。18 世紀末，中國的玫瑰傳入歐洲，用於交配

雜交常花玫瑰
Hybrid Perpetual Rose

是雜交中國玫瑰、波特蘭玫瑰、波旁玫瑰反覆交配所培育出來的系統。花色從深紅色到紅色、粉紅色，甚至還有白色，花的形狀亦豐富多樣，氣味芳郁宜人。被用來作為大輪玫瑰的交配親本。

布羅德男爵
Baron Girod de l'A

諾塞特玫瑰
Noisette Rose

1811 年在美國用中國月季中的 Old Blush 和麝香薔薇交配出來的品種繁衍而生的系統。屬於蔓性玫瑰，香味承襲了麝香薔薇的獨特麝香。枝條柔細而且少刺。

阿弗雷德卡里埃爾夫人
Madame Alfred Carrière

格里巴爾多‧尼古拉
Gribaldo Nicola

蓬蓬巴黎
Pompon de Paris

（雜交）中國玫瑰
(Hybrid) China Rose

承襲原產於中國的月季（Rosa chinensis）以及巨花薔薇（Rosa gigantea）之血統的系統。花莖刺少，大多枝條纖細。具有四季開花性。花色有鮮紅色等等顏色。

克萊門蒂娜‧卡邦尼爾蕾
Clementina Carbonieri

茶玫瑰
Tea Rose

將中國玫瑰與波旁玫瑰及諾塞特玫瑰交配所培育出來的系統，屬於大輪花，四季都能開花，散發著紅茶的香氣。現代玫瑰系統裡的大輪玫瑰便是利用它交配而來的。

波旁玫瑰
Bourbon Rose

在印度洋的波旁島（現稱留尼旺島）被發現而得名，是中國玫瑰和大馬士革玫瑰兩種系統自然交配後所衍生出來的系統。具重複開花性，香氣濃郁。

路易歐迪
Louise Odier

現代玫瑰裡最早出現的品種「拉‧法蘭西」。被歸類於大輪玫瑰系統。

「拉‧法蘭西」和「瑪麗亨麗埃特皇后（Reine Marie Henriette）」的交配種「拉‧法蘭西 '89」。

之後，對玫瑰的栽種培育產生了很大的影響。

其中，1867 年在法國培育出的「拉‧法蘭西（La France）」，擁有四季開花性、劍瓣高心的花形、茶玫瑰系（中國的玫瑰）的香氣，以及結實的花頸部，這些都是當時的歐洲玫瑰所沒有的特質，可謂劃時代的園藝品種。

現在，以「拉‧法蘭西」誕生的年代做為分野，將之前就存在的系統稱之為古典玫瑰，之後才培育出的系統則稱之為現代玫瑰。

然後，再以玫瑰交配時所使用之親本的原生種或園藝品種為基準，進一步分類成幾個系統。

21

灌木玫瑰

1867 年之後，利用中輪豐花玫瑰、大輪玫瑰、原生種等系統交配出來的灌木型園藝品種，也有人稱它為現代灌木玫瑰（Modern Shrub Rose）。兼具四季開花和豐富花色的優點，體質強健容易照料，適合庭園造景與景觀應用的品種很多。

中輪豐花玫瑰

用多花玫瑰和大輪玫瑰雜交出來，四季皆會開花的系統。花朵中等大小，屬中輪玫瑰，具有一莖多花的叢開性。花量多，具耐寒性，是擁有高人氣的庭園玫瑰。

現代玫瑰的主要系統

皇家樹莓
Raspberry Royal

黑蝶
Kurocho

大輪玫瑰
（亦稱雜交茶玫瑰）

由雜交常花玫瑰和茶玫瑰雜交而來，堪稱現代玫瑰之先驅的系統。花朵碩大豐滿，大多一莖一花，完全四季開花，花瓣為劍瓣高心型，香氣濃郁，花色豐富多彩。耐寒性強，花莖結實挺拔，花朵朝上綻放。

夏晨
Sommermorgen

傳說
Fabulous

若望保祿二世
Pope John Paul II

睡午覺
Siesta

法國蕾絲
French Lace

和平
Peace

伊莉莎白女王
Queen Elizabeth

壯花玫瑰

以大輪玫瑰和中輪豐花玫瑰的雜交品種為基礎所培育出來的系統。花朵大小為中輪到大輪，一莖多花，融合了兩種系統的特性。在英國有時會被歸類為中輪豐花，在日本有時會被歸類為大輪玫瑰。

優雅女士
Elegant Lady

何謂古董玫瑰 (Antique Rose)

擁有四分簇生型或杯型的花形，香氣濃郁等古典玫瑰之特質，同時又兼具四季開花性、多彩的花色，花瓣厚實等現代玫瑰之特徵的品種被通稱為古董玫瑰。具四季開花性，花朵大小為大輪～中輪，樹形包含蔓性、矮叢型、灌木型等各種型態。

諾瓦利斯 (Novalis)

大花蔓性玫瑰
Large Flowered Rose

以月季（Rosa chinensis）、巨花薔薇（Rosa gigantea）、日本的野薔薇等種為交配親本所培育出來的園藝品種，融入中輪豐花玫瑰、大輪玫瑰的園藝品種所交配出來的中輪～大輪蔓性玫瑰。

功勳
Exploit

迷你玫瑰
Miniature Rose

有一種說法認為其是月季的矮化變種香粉月季（Rosa chinensis var. minima）和多花玫瑰系統雜交培育出來的一莖多花小輪玫瑰系統。經過各式各樣的雜交之後，有很多品種變得跟多花玫瑰難以區別。

橙色梅楊
Orange Meillandina

第一印象
First Impression

巧克力花
Ciocofiore

火星
Fireglow

英國玫瑰
English Rose

古典玫瑰和現代玫瑰交配出來的系統，是英國的育種家大衛奧斯汀（David Austin）以兼具古典玫瑰的氣質和香味以及現代玫瑰的四季開花性和豐富花色為目標所培育出來的玫瑰品系。大多品種屬於灌木型玫瑰。

愛麗珊德拉肯特公主
Princess Alexandra of Kent

蘇菲的玫瑰
Sophy's Rose

亞伯拉罕達比
Abraham Darby

多花玫瑰
Polyantha Rose

一莖多花的小輪玫瑰系統，由野薔薇（Rosa mulitiflora，日本的野生玫瑰）和月季為主要雜交親本所培育出來的。這個系統和大輪玫瑰的品種雜交之後就誕生了中輪豐花玫瑰。

認識玫瑰長成之後的樣貌 玫瑰的樹形

玫瑰的樹形分為矮叢型性玫瑰、灌木型玫瑰、蔓性玫瑰（蔓藤玫瑰）三大類。了解各別的特徵，善加運用在栽培管理和庭園造景的規劃上面。

樹型玫瑰

矮叢型玫瑰

枝條能獨立生長延伸，呈現枝向上生長的小樹狀。當中有些屬於樹枝直直地往上延伸的直立性，有些則屬於樹枝往斜上方延伸的半橫張性或橫張性。基本上四季都會開花，會在當年伸出的枝條前端開出花朵。

要剪成小巧可愛的植株很容易，利用修剪，可把玫瑰植株的高度修短至一半左右，很適合種植在狹小庭院或盆栽裡的一種樹形。茶玫瑰、大輪玫瑰、中輪豐花玫瑰、多花玫瑰、迷你玫瑰等等都有這種樹形。

依據樹形調整修剪方法

玫瑰的樹形不像櫻花和梅花般擁有粗壯的主幹，而是從地面長出粗細大小相近的枝條，各自延伸長出許多分枝。玫瑰依據樹形，大略可分為樹枝無需支撐可以獨立生長的矮叢型玫瑰、半蔓性的灌木型玫瑰和長成蔓藤狀的蔓性玫瑰三種類型。矮叢型玫瑰會在樹枝的前端形成花芽，蔓性玫瑰的花芽則是長在側枝。玫瑰的生長習性會因為樹形的不同而產生差異，因此修剪等等的栽培管理或園藝造景的方式也要跟著改變。

❶ 蒙娜麗莎（Mona Lisa）（半橫張性）
❷ 陽光古董（Sunny Antike）（直立性）
❸ 森巴舞曲（Rio samba）（半橫張性）
❹ 阿爾布雷希特・杜勒玫瑰
　（Albrecht Dürer Rose）（半直立性）

樹枝呈蔓藤狀延伸的玫瑰

蔓性玫瑰

　　樹枝長長延伸形成蔓藤狀的玫瑰。有些枝條細軟，也有些枝條是稍微比較硬直的，大多會透過誘引，讓它攀附在壁面、圍籬、拱門、支柱等等支持物上面。芽變蔓性品種、原生種、古典玫瑰、英國玫瑰裡都有蔓性玫瑰。

　　依據蔓藤的長度，可分成枝條延伸長度在 4 ～ 5 公尺內的攀緣玫瑰 (climber) 和枝條細軟，有時可延伸至近 10 公尺長的蔓延玫瑰 (rambler)。

半蔓性玫瑰

灌木型玫瑰

　　從低矮灌木到半蔓性皆有的玫瑰，性質介於矮叢型玫瑰和蔓性玫瑰兩種之間。跟英國玫瑰一樣，可利用修剪將樹枝修整成如同矮叢型玫瑰般的小樹狀，或是讓它延伸出長長的樹枝，生長成像蔓性玫瑰般的模樣，或是想享受各種不同修剪方式的樂趣亦可。

　　現代玫瑰的一部分、古典玫瑰、大多數的英國玫瑰都被分類在這種樹形裡。

1 莫梅森的紀念品 (Souvenir de la Malmaison)(蔓性的古典玫瑰)
2 蔓性黃金兔 (Gold Bunny, Climbing)(蔓性的中輪豐花玫瑰)
3 蔓性米蘭爸爸 (Papa Meilland, Climbing)(蔓性的大輪玫瑰)

1 夏洛特夫人 (Lady of Shalott)(灌木型的英國玫瑰)
2 雞尾酒 (Cocktail)(蔓性灌木)
3 瑞典女王 (Queen of Sweden)(灌木型的英國玫瑰)
4 浪漫貝爾 (Belle Romantica)(直立性灌木)

花形的種類

花形是指花瓣聚集的部分，也就是花冠的開花方式。依據花心的捲曲方式和全開時花心的型態、以及花瓣數量等等特徵來命名各種不同花形。即使是同樣的開花方式，展現出的姿態仍各異其趣，因此並沒有明確的規定。大多數情況，從初開到持續綻放的過程中，花形是不斷在變化的。

高心型

花心高聳突出，被周圍的花瓣包覆其中。隨著花朵持續綻放，花形經常會產生變化。

純真天堂
Simply Heaven
｛半劍瓣高心型｝

黑蝶
Kurocho
｛簇生型｝

簇生型

內側的花瓣比外側的花瓣小，花完全盛開的時候，花心變平坦，花瓣呈放射狀排列。

米拉瑪麗
Miramare
｛半劍瓣高心型｝

浪漫古董
Romantic Antike
｛半劍瓣簇生型｝

蘇菲的玫瑰
Sophy's Rose
｛圓瓣簇生型｝

彩球型

很多小花瓣聚集叢生，形成像彩球一般的球狀。

四分簇生型

跟簇生型很相似，當花開到五分的程度時，花心會分成四等分。

環抱型

因花心的捲曲方式而得其名，當花開到五分的程度時，花心呈現緩緩舒展開來的模樣。

白色梅安
White Meidiland
｛彩球型｝

波麗露
Bolero
｛四分簇生型｝

我的花園
My Garden
｛圓瓣環抱型｝

玫瑰擁有各式各樣的顏色，花瓣的形狀和開花的方式也變化豐富。依據花瓣的多寡和排列方式等等，賦予不同的名稱。請把玫瑰各種花形的名稱記起來吧！

花瓣的種類

有些分類方式是依據花瓣的形狀,以「劍瓣」等等名稱來表示。

婚禮鐘聲〔劍瓣高心型〕
Wedding Bells

劍瓣

花瓣的邊緣往外側翻折,形成尖角的模樣。

甜蜜花束〔劍瓣杯型〕
Honey Bouquet

半劍瓣

雖然花瓣的邊緣同樣往外側翻折,但尖角不像劍瓣那樣明顯。

新娘萬歲〔圓瓣環抱型〕
Vive la Mariee!

圓瓣

花瓣的邊緣呈現圓形。

粉紅法國蕾絲〔波浪瓣型〕
Pink French Lace

波浪瓣

花瓣的邊緣呈現波浪狀。

杯型

花心凹陷。花的形狀呈現圓形的杯狀。

浪漫寶貝
Baby Romantica
〔杯型〕

亞伯拉罕達比
Abraham Darby
〔深杯型〕

單瓣型

花瓣的數目是 5 片,原生種裡很多屬於這種。

雞尾酒
Cocktail
〔單瓣平開型〕

俏麗貝絲
Dainty Bess
〔單瓣平開型〕

半重瓣型

花瓣的數目為 6～19 片。

凱倫
Karen
〔半重瓣型〕

平開型

花瓣從側面看近乎平坦。

滿大人
Mandarin
〔半劍瓣平開型〕

各部位名稱

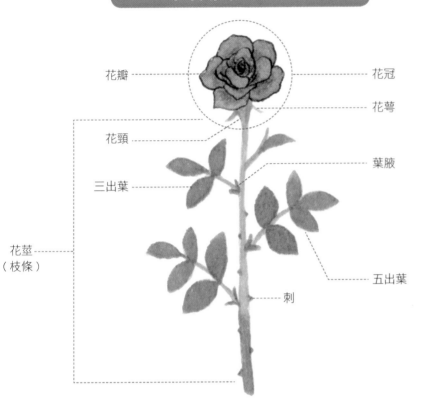

花瓣 ----

花頸 ----

三出葉 ----

花萼 ----
（枝條）

---- 花冠

---- 花萼

---- 葉腋

---- 五出葉

---- 刺

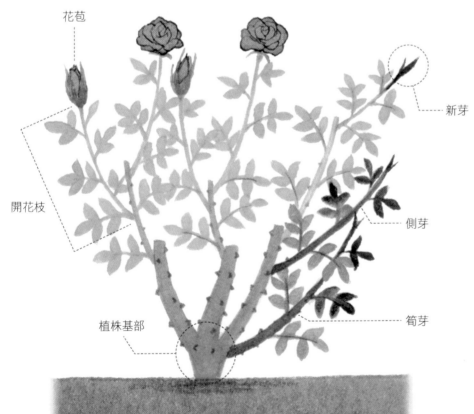

花苞

開花枝

植株基部

---- 新芽

---- 側芽

---- 筍芽

※ 插圖僅供參考示意

建議你記起來

玫瑰各部位名稱

為了種植玫瑰必須記住的各部位名稱。請對照圖片把玫瑰每個部位的名稱記起來吧！除此之外，玫瑰栽培的相關用語解說，請參見206頁。

玫瑰的香氣

彰顯華麗氣息

玫瑰的香氣會隨著時間變化

玫瑰的香氣成分，大部分是存在於花瓣表面的腺體裡，早上隨著氣溫升高，成分會揮發產生香氣。

因此，一般而言，花瓣多的品種會比原生種和花瓣少的品種，香氣更加強烈。

玫瑰的香氣是由許多複雜的成分混合而成的，揮發的溫度會因成分而異，因此從早上開始，隨著時間經過，香氣給人的感覺會產生變化。

香氣是主觀感覺的，無法用特定的標準明確地表達，但還是將之大略分類為下表裡的7種香氣。

雖然是以代表性的品種舉例說明，但是會因滲雜其它香氣，或是隨時間變化等因素，使得香氣絕對不可能完全一樣。此外，氣溫、天候、栽培條件也會造成香氣的改變。

名　稱	特　徵	代表性品種
大馬士革香氣	也可稱為古典玫瑰香，是用來製作香水的玫瑰代表品種，大馬士革玫瑰的花香。	米蘭爸爸（Papa Meilland）、薰乃、海蒂克姆玫瑰（Heidi Klum Rose）、紅伊甸（Rouge Pierre de Ronsard）、芳香蜜杏（Fragrant Apricot）
果香	會讓人聯想到桃子、杏桃、西洋梨等水果的酸甜香味。	娜赫瑪（Nahema）、雙喜（Double Delight）、波麗露（Bolero）、我的花園（My Garden）、朦朧的茱蒂（Jude the Obscure）
茶香	如紅茶般的清新香氣，據說是承襲自原產中國的巨花薔薇（Rosa gigantea）的香味。	桃香、西洋鏡（Diorama）、玫瑰花園（Garden of Roses）、園丁夫人（The Lady Gardener）、金色慶典（Golden Celebration）、葛拉漢湯瑪士（Graham Thomas）
柑橘香	會讓人感受到如同檸檬、佛手柑、橘子等等的清新提神的果酸香氣。	希靈登夫人（Lady Hillingdon）、花園宴會（Garden Party）、夢香、活力（Alive）
沒藥香	類似大茴香或薰衣草，微苦中帶有青草味道的草本系香氣。	克勞德·莫內（Claude Monet）、聖賽西莉亞（St Cecilia）、皮爾卡登（Pierre Cardin）、博斯科貝爾（Boscobel）、安蓓姬（Ambridge Rose）、權杖之島（Scepter'd Isle）
辛香	類似香料裡的丁香或康乃馨的香氣。	俏麗貝絲（Dainty Bess）、粉粧樓
藍香	跟藍月玫瑰（Blue Moon）的香味很接近的一種香氣。彷彿混合了大馬士革香和茶香兩種味道。	藍月（Blue Moon）、暗戀心、藍色香水（Blue Parfum）、迷人的夜晚（Enchanted Evening）

具有萬種風情的玫瑰花，花香也是其魅力之一。聊天時以香氣做為話題，有時也有活絡氣氛的效果。了解產生香氣的構造，實際感受花香的美妙吧！

桃香（Momoka）帶有茶玫瑰的甜蜜清新香氣。

娜赫瑪（Nahema）的香氣是以檸檬香茅、桃子、杏等果香為主。

薰乃是以大馬士革為基調，香氣中帶有柔和的果香。

你應該知道的 挑選玫瑰苗的訣竅

玫瑰栽培的第一件事就是要取得玫瑰苗。應該選什麼苗、應該在哪裡買？建議您先了解栽培環境之後再去尋找適合的苗。一開始可以尋求專家的建議做為選擇的參考。

🌹 可以買玫瑰苗的地方

可取得玫瑰苗的地方，不是只有花店才買得到，透過型錄或是網路等通信販售通路也買得到。但是對新手而言，最好是聽取專家的建議，到能實際看見玫瑰苗的園藝店或是玫瑰專賣店之類的地方買會比較好。

透過型錄或是網路訂購時，不能只依據花的照片做決定，要了解其將來會長成什麼樣貌和大小，樹高、樹形都要確認。耐寒性、耐病性也是必須確認的重要事項。

街頭的花店有時會遇到沒有附品種標籤或是對栽培方式不甚了解的情況。還有就是，其擺在店頭的玫瑰苗，有時相較於玫瑰專賣店，苗的狀況比較差，這些都是在選購時要注意的。

取得玫瑰苗的方法

1 在店頭購得

玫瑰苗的專賣店、園藝店、家居用品購物中心、花店等等地方可以買得到。建議要選有附品種標籤、狀態良好的苗（➡P32）。

2 利用通信販售通路購得

透過型錄或是網路等通路可購得玫瑰苗。型錄要事先索取請店家寄送。因為無法確認苗的狀態，所以最好從有提供客戶服務，值得信賴的店家購買。

新苗和大苗的特徵

栽種最適時期	流通時期	樹形姿態	性質	
4月中旬～5月下旬（日本關東以西）	3月下旬～7月	已有1～2根伸長的枝條，並長出新芽、花苞。	8月～9月進行芽接，以及1月～2月進行切接，在春天進行移植的苗。	新苗
9月下旬～3月	9月下旬～3月	已長出數根枝條，沒有長葉子或結花苞。	利用芽接法或切接法繁殖，並在苗圃生長約1年左右的苗。	大苗

大苗	新苗
	以種在苗盆裡的狀態在市面上流通。

大苗有暫時種在長形高盆裡的，也有根部裸露的裸根苗，或是根部用水苔等材料包裹成根團的苗。

砧木和接穗的嫁接處用膠帶保護著。要選擇嫁接處穩固不會搖晃的。

玫瑰苗有新苗和大苗

市面販售的玫瑰苗，有「新苗」和大苗」的區別。

新苗是指8月～10月以及1月～2月（→P122）進行嫁接的苗，在伸長的枝條，一般枝條上會長葉子或是結花苞。若是在日本關東以西的地方，新苗栽種最適合的時期是當地染井吉野櫻初開後的一週內，最遲不要超過5月下旬。

大苗是9月下旬～3月左右在市面流通。已長出數根枝條，在開始流通初期，枝條上沒有葉子是常見的現象。大苗購入之後最好立即栽種，但對新手而言，建議在尚未變冷的秋季時進行秋植，讓苗能順利發根生長，或是在比較不那麼寒冷的2月下旬～3月栽種。

嫁接後的第一個春天從田裡或苗床挖掘起來，移植至盆裡的苗。大苗是指新苗不挖起來，直接讓其在田裡生長約1年的苗。因此，相較於新苗，大苗的植株會更為強健充實。對新手來說比較容易照顧。

新苗的流通，大約是在3月下旬～7月這段期間。會有1～2根的現象。

註台灣市面販售的玫瑰苗，是以扦插苗為主，新苗與大苗則少見。

購買苗時
應注意的重要事項

在購買苗的時候，要仔細觀察苗的狀態。新苗和大苗都有各別選擇優良好苗的應注意事項。但兩者的共通點就是，要選擇看起來有活力生氣的苗。除此之外，也要特別注意是否附有品種標籤。玫瑰栽培管理的訣竅會因品種而有差異，所以必須清楚了解苗的品種或是系統。

想輕鬆享受栽培之樂，可以選開花苗或蔓玫苗

開花苗是由園藝店或玫瑰園進行管理至開花為止，以開花的狀態在市面上流通的盆苗。因為是在4月中旬～5月開始在店頭陳列，建議想要輕鬆栽種玫瑰的人可以選這種苗。購入的時候，不能光只是確認花的狀態，還要確認植株整體的狀況。跟新苗或大苗一

大苗
挑選時應注意事項

例 佛羅倫蒂娜 Florentina

◎是否有至少一根強健粗壯的枝條（直徑約1~1.5公分）？
NG 枝條數量雖多，但盡是細軟的枝條，這樣是不好的苗。

◎若是國外進口的苗，整體看起來是否有乾枯現象？

◎芽是否飽滿，是否有在生長？

◎樹皮是否木質化？
NG 樹皮或是枝切口看起來黑黑的感覺，有可能是感染了病害。

◎嫁接處是否有乾枯現象？要選擇自然生長中的苗。

◎若是看得見根部的裸苗，要觀察根是否粗長。

註 台灣市面上少見販售新苗；大苗也幾乎沒有販售。

新苗
挑選時應注意事項

例 冰山 Iceberg

◎是否有長新芽？枝條是否有在延展生長？即使長的是盲芽（不長花芽的新梢）也沒關係。
NG 枝條上部有切除的是狀態不好的苗。

◎是否發生病蟲害？檢查葉子背面是否有因病害或蟲害所造成的啃食痕跡。

◎枝條的節間短嗎？整體來看是否有節間徒長的的現象？

◎是否長了很多葉子，葉色是否漂亮？
NG 要避免葉片變黃乾枯或是變黑的苗。

◎苗的下部是否有長葉子？
NG 下部的葉片較大的，代表是在溫室之類的地方進行保溫管理的苗，屬於嬌弱的苗。

蔓玫苗
挑選時應注意事項

例 蔓性夏之雪
Summer Snow, Climbing

照片是 4 月下旬～
5 月中旬左右的苗。

◎是否繁茂？有時可能會因為季節關係，遇到葉片較少的苗。

◎芽是否有在生長？有時可能會因為季節關係，遇到有長花苞的苗。

◎粗壯結實的枝條是否有在生長？

樣，枝條若粗壯結實，生長勢強，才稱得上是發育充實的植株。

所謂的蔓玫苗，就是設立支柱，讓蔓性玫瑰沿著支柱往上延展長高的苗。因為蔓性玫瑰枝條延伸得很長，因此在購入之後，要立即誘引至圍籬或支柱等等上面。雖然一整年都可見其在市面上流通，但最佳的種植時機是 9 月下旬～3 月這段期間。這段期間以外因為是苗活動的時期，種下去之後，可以每天觀察苗的狀態，適度地澆水或進行其它作業。

Point

選擇時要跟同品種做比較

若你是對選苗不熟悉的新手，可以多看幾個同品種的苗，然後選擇其中最有生氣活力的那株苗。4 月上旬整體就已經長到 30 公分以上的新苗，有可能是利用溫室加溫栽培。這類苗因為不適應寒冷，要注意不要讓其遭受寒風的侵害。

開花苗
挑選時應注意事項 註 開花苗是台灣市面販售的玫瑰苗主流類型。

例 陽光古董 Sunny Antike

◎是否長了很多深色的葉片？

◎花莖長嗎？
NG 花莖短的苗是狀態不太好的苗

◎是否有病害或蟲害所造成的啃食痕跡？

◎跟其它的植株相比，形狀是否異常？

品種選擇要點

種類太多不知如何選擇

如何選擇玫瑰：要點 ❶

思考一下栽種的空間

首先要先考量栽種的場所和該空間要如何設計規劃。

- ☐ 盆植栽種還是庭園栽種？
- ☐ 若是庭園栽種，要沿著圍籬種植？還是攀爬在拱門上？
- ☐ 要種在寬廣的庭院？狹窄的庭院？還是陽台？
- ☐ 要營造出顏色統一的感覺嗎？還是想要顏色繽紛的感覺？

若是盆植栽種，就不要選擇會長成大型植株的品種。若是在大庭院裡，想以玫瑰為主體，選擇大型品種也沒關係。若打算種在混植花壇裡，木立性的品種在管理上會比較容易，若空間足夠的話，就能盡情享受栽種橫張性或半蔓性玫瑰的樂趣。

具有四季開花性的蔓性品種，相較於一季開花性的品種，枝條的延伸生長較慢，想在狹小的範圍裡誘引成集中小巧的樹形也會比較容易。枝條柔軟，延展性好的一季開花性品種，建議進行大面積的誘引。另外，花色也會影響到品種的選擇性。

愛麗珊德拉肯特公主
Princess Alexandra of Kent

大輪的英國玫瑰。具耐病性，適合盆植栽種。強香品種。

薩哈拉 98
Sahara'98

四季開花的大輪蔓性品種。具耐病性。伸長率 2.5 公尺左右。

黑巴克
Black Baccara

四季開花的大輪品種，刺少。樹高約 1.3～1.5 公尺左右。

玫瑰品種的選擇要配合栽種環境

玫瑰的園藝品種據說有2萬種，也有人說3萬種，而當中在市場上流通的據說有兩千～三千種。每年都有新的品種誕生，但也有被淘汰消失的品種，所以無法確認正確的品種數量。

你在選品種時，是否不自覺就依照個人喜歡的顏色或花形做選擇？這雖然也是一種選擇的方式，但是光憑這樣，可能無法將玫瑰栽培得很好。

預計會種在什麼樣的場所？是想種在庭院或陽台？栽培管理或作業需投入多少心力？先清楚了解並確認栽種環境之後，再考量品種的性質，選擇對於該環境能適

明知買苗時選擇認得的品種名是很重要的一件事，但實際購買時，可能還是會為了如何從眾多品種中做選擇而感到困惑。所以這裡將教你品種選擇應注意的事項。

如何選擇玫瑰：要點 ❷

以品種的性質作為選擇的考量

確認栽種的環境，再考量應選何種性質的玫瑰。

□ 是嚴寒、酷熱的地區嗎？或是風很強的場所嗎？

□ 充分日照的場所？還是遮陰的地方？

□ 面向馬路的場所？還是在庭院的中央？

□ 除了玫瑰之外，是否會種其它植物？

□ 栽培上是否需要費心照料管理？等等考量因素

　　配合環境，選擇耐寒性、耐熱性良好的品種。若是種在面向人行道的圍籬，建議選擇刺少的品種或是能讓行人享受美妙香氣的強香品種。對於平時工作繁忙，沒時間照料玫瑰的人來說，選擇具耐病性的品種，能減低感染病害的風險。確認品種的性質，選擇能配合環境的品種，就能大大減少栽種失敗的機率。

如何選擇玫瑰：要點 ❸

參考得獎歷史等等因素

經過競賽選拔出來的玫瑰，不僅品種優秀，也比較有人氣。

□ ADR　強調耐病性、耐寒性

□ GENEVE　有機農法栽培，同時也強調耐病性

□ WFRS　三年一次，獲選的品種能進入玫瑰殿堂

□ JRC　綜合花形、耐病性、香氣、新奇性等條件

□ ECHIGO　香氣獲得高評價…各種玫瑰競賽

　　玫瑰競賽就是獎賞優秀出色的品種，但是不同的競賽，其所重視強調的評選項目也會有所差異。因此，若能知道是取得何種競賽的獎賞，就能了解該品種是在哪些方面獲得高評價。了解獎賞的性質，也較容易確認該品種是否能適應你的栽種環境。獲獎的品種因為有名氣，想栽種的人也比較多，容易獲取相關資訊也是優點之一。

（競賽相類資訊 ➡ P86）

去玫瑰園實地參觀各式各樣的品種

　　不知該選哪個品種的人，建議去玫瑰園實地察看一下。玫瑰園裡，通常都會種很多品種和植株，可以看見不同品種長成之後的樣貌。在開花時期造訪，可觀察枝條的延伸生長方式、花的生長形態以及開花時的樣貌。玫瑰園的管理也各有差異，所以建議多去幾個玫瑰園，比較一下相同品種的管理方式。也可以向園方請教特定品種的栽培方法。

應良好的品種，就能減少失敗收場的機率。

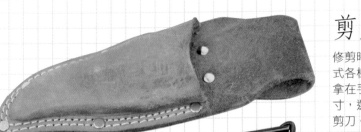

剪定鋏

修剪時使用。市面上有各式各樣的剪定鋏，要實際拿在手裡，確認重量和尺寸，選擇適合自己使用的剪刀。

使用採收用剪定鋏，可以在剪下花梗或枝芽時，將之鉗住避免掉落，非常方便。

鋸子

在切除粗枝時使用。準備單邊鋸齒的小型鋸子就可以了。刀刃薄的鋸子容易彎曲，所以請選刀刃比較厚的。

栽培玫瑰的基本工具

建議事先備齊

因為玫瑰有刺，所以手套是不可或缺的作業工具。在進行修剪或誘引作業時，剪定鋏和綑紮材料是必需品。這裡將要介紹栽培玫瑰時必要的基本工具。請事先準備好一整套工具吧！

剪定鋏的保養方法

平常，在使用完剪定鋏之後，要將上面的樹液或黏液擦拭乾淨。刀刃變鈍的時候要用砥石研磨。砥石請選用粗細度介於荒砥石及仕上砥石之間的中砥石，將之切割成 3～4 公分大小的正方形，用水沾濕後使用。

消毒的方法

想消毒時，可用熱水浸泡刀刃數分鐘。如果剪到感染病害的枝條時，可將剪定鋏浸泡在經稀釋 3000 倍的苯扎氯銨（陽離子界面活性劑）殺菌消毒劑裡數分鐘。

磨剪定鋏的方法

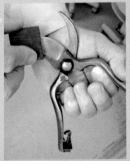

1 將圖例①的部分用水沾濕，用砥石確實研磨。

2 把剪定鋏合起來，沿著曲線確實地研磨②的裏側。

3 把剪定鋏張開，輕輕地研磨①的裏側。

4 輕輕研磨②的平坦部分。

手套

因為手套是要保護手不被刺傷，所以建議使用皮革材質。在進行誘引作業時，建議使用手背部分是布料材質的手套，繫繩子會比較容易。

袖套

在進行修剪或誘引作業時若有袖套會很方便。能避免衣服的袖子被花刺勾到或刺到。用厚一點的棉布自己做也可以哦！

澆水壺、蓮蓬頭

盡量選用蓮口出水孔細小的澆水壺。出水孔細小，流出的水量較小，比較不會造成土壤被沖散或流失。

綑紮材料

要將枝條誘引到支柱或圍籬等地方時會使用到。雖然有各式各樣的材質，但比較建議使用麻繩、棕櫚繩等天然素材所做成的繩子。

鏟子

小鏟子是換盆時要將土放入時使用。用手實際拿握看看，選擇順手好用的鏟子。

計量工具

在使用藥劑時，遵照使用劑量是很重要的事。在調合藥劑時請使用量杯、量匙、玻璃滴管等有計量刻度的測量器具。

噴霧器

在散布藥劑時會使用到。因為藥劑需要散布在整個植株上，若遇到有好幾棵大型植株的情況，電動式噴霧器會比較方便。除此之外，也可以選擇對你來說使用方便的手動式或輕巧型噴霧器。

防護面罩、護目鏡

散布藥劑時要戴上防護面罩和護目鏡。

讓你做園藝工作也能美麗有型的

園藝用品

Garden items

這裡要介紹可點綴庭園或盆栽的裝飾品，以及好看漂亮的園藝用品。若眼前盡是賞心悅目的東西，玫瑰栽培作業也會變得更有樂趣吧！

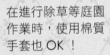

手套

在進行玫瑰修剪等作業時建議使用皮革手套。若是長手套，能避免刺勾到衣服的袖子。

在進行除草等庭園作業時，使用棉質手套也 OK ！

園藝工具

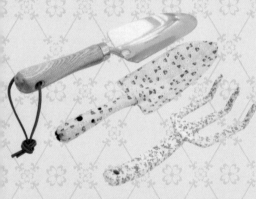

若能使用漂亮的鏟子和三爪耙，在做移植換盆等作業時會變得更有趣。

玫瑰形狀的鐵柵，營造出羅曼蒂克的氣氛。就算是好幾個排在一起，也不會讓人覺誇張突兀或過於華麗，可隨心所欲地使用。

鐵製的小物跟玫瑰園十分相襯。像這個有一隻小黑貓在歡迎你的迎賓立牌，就能讓氣氛變得溫馨可愛。

園藝裝飾品

剪下來的花梗或枝葉，不能棄於現場，一定要收拾處理。布製的桶子即使裝了花梗枝葉也不會很重，移動也輕鬆。

把這個禁止狗兒便溺的狗狗造型告示牌插在花壇面向馬路的那一邊，還有提醒過往行人的效果。

將自來水管造型的庭園指示牌插在庭園的一隅或是盆栽裡，增添可愛俏皮的氣息。

盆栽花架

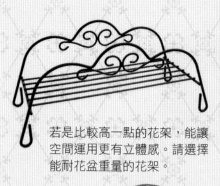

若是比較高一點的花架，能讓空間運用更有立體感。請選擇能耐花盆重量的花架。

盆器若能稍微離地，澆水時排水會比較順暢，可以配合花盆大小在花盆的下面放置 3 ～ 4 個素燒花盆腳。

比較大型的盆器可使用附有輪子的移動花架，這樣要移動盆栽時會比較輕鬆。若有經過防鏽加工處理，放置在室外也不用擔心。

品種標示牌

用來記載植株的品種名稱，插在土裡的牌子。請用鉛筆等不容易因雨淋而消失的書寫工具來寫。

圍裙

皮製的圍裙，越使用皮會變得越柔軟。選擇明亮活潑的顏色，心情也會跟著亮起來。

工作靴

短靴款式的工作靴若選擇腳踝部分較細的，看起來會比較清爽俐落。請選擇其鞋底長時間穿也不容易讓腳感到疲勞的鞋子。

長靴款式的工作靴，若小腿部分比較寬鬆的話，穿脫會比較容易。柔軟橡膠材質的鞋子，穿起來比較不會妨礙足部彎曲。

尼龍材質的防潑水圍裙，讓你在做園藝工作時也不容易弄髒。若有很多口袋，在修剪花梗枝葉時也很便利。

整頓栽培環境
玫瑰的栽培介質

玫瑰的栽培介質要配合苗或根的狀況、管理方法等等去調整改變介質的成分和比例。若能掌握各種介質的特性，調配出獨創的混合介質，就能稱得上是栽培高手了。

栽培玫瑰使用的主要介質

供植物栽培使用的土稱之為介質，包含兩種以上的介質並加入肥料混合的，被稱為調製土或是培養土。

玫瑰栽培介質，若是用於盆植栽種，是以赤玉土為基本介質，加入泥炭土、炭化稻殼等等植物介質以及用礦石燒製而成的珍珠石之類的人工介質，並混入堆肥後使用。通常，會配合換盆的時間或是苗的狀態去調配介質。若是用於庭園栽種，是以庭園裡的土為基本介質，再混入堆肥、肥料等等後使用。

主要介質

赤玉土

將赤土乾燥之後，過篩去掉微塵之後的土，其排水性和通氣性都變得比赤土好。有不同顆粒大小的區別，小的盆器建議使用小粒的，大的盆器則要使用大粒的會比較適合。

泥炭土

是水苔或藻類之類的有機物，經過長時間的堆積和分解之後所形成的介質。通氣性、保水性、保肥性都很好。性質和腐葉土相近，略偏酸性。要稍微弄濕之後再使用。

珍珠石

火山岩的一種，經過 1000℃ 燒製而成的多孔質（意指有很多細小孔穴）介質。裡面雖然沒有養分，但是具有提高土壤的排水性和通氣性的效果。

炭化稻殼

是稻殼經過悶燒之後所形成的碳狀物質，通氣性良好，能提高存在於堆肥或土壤裡的微生物的活性，同時具有緩和酸性的效果。也可當作保溫材料使用。

玫瑰專家鈴木的
秘藏知識分享

庭園栽種時，要了解庭園從以前至今的狀況

在進行庭園栽種時，不單單只是使用該庭園裡的土，加入堆肥等等混合後把苗種下去就好，還有必須注意的就是，這個庭園是新整理的地？還是之前曾種過玫瑰或草花植物？玫瑰栽種場所從以前至今的狀況，最好能先確認並了解清楚會比較好。

長時間栽種植物的土地，其土壤的團粒構造可能被破壞，導致排水性變差的情況發生。新整理的土地或是使用太多化學肥料的土地，可能會有土壤裡養分不足或是鹽分蓄積過高的情況發生。

遇到那樣的情況，就必須進行土壤改良，例如將土壤的表土和底土（心土）相互交換（➡P112），將植穴的土壤更新，或是在植穴裡混入堆肥、腐葉土、泥炭土之類的介質，進行土壤改良，促進團粒構造之形成。

介質的調配比例

用鹿沼土代替赤玉土，或是使用當地出產的介質也沒關係。必須配合季節或苗的狀態去改變調配比例，例如夏季時要減少有機物的含量。你可以利用下面的調配比例做為參考標準。

盆植栽種

新苗、大苗的基本調配比例

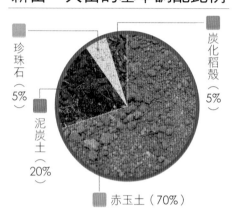

珍珠石（5%）
泥炭土（20%）
炭化稻殼（5%）
赤玉土（70%）

新苗、大苗（夏季的調配比例）

赤玉土　80%
泥炭土　10%
珍珠石　5%
炭化稻殼　5%

大苗狀態良好的情況

赤玉土　75%
泥炭土　15%
珍珠石　5%
炭化稻殼　5%

大苗的根呈現劣化狀態的情況

赤玉土　85%
泥炭土　5%
珍珠石　5%
炭化稻殼　5%
※ 沸石少許

幼苗移植

扦插苗的調配比例　　空中壓條苗的調配比例

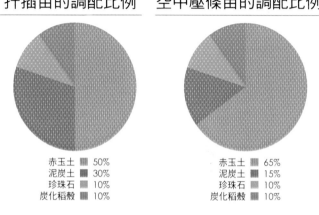

赤玉土　50%　　　　　　赤玉土　65%
泥炭土　30%　　　　　　泥炭土　15%
珍珠石　10%　　　　　　珍珠石　10%
炭化稻殼　10%　　　　　炭化稻殼　10%

嫁接苗的調配比例

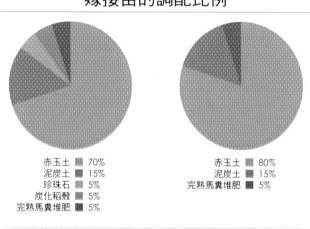

赤玉土　70%　　　　　　赤玉土　80%
泥炭土　15%　　　　　　泥炭土　15%
珍珠石　5%　　　　　　　完熟馬糞堆肥　5%
炭化稻殼　5%
完熟馬糞堆肥　5%

成株的換盆

嫁接植株　　　　　　　扦插植株

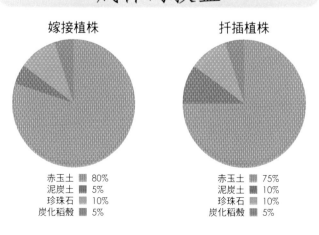

赤玉土　80%　　　　　　赤玉土　75%
泥炭土　5%　　　　　　　泥炭土　10%
珍珠石　10%　　　　　　珍珠石　10%
炭化稻殼　5%　　　　　　炭化稻殼　5%

成長不可或缺
栽培玫瑰使用的肥料

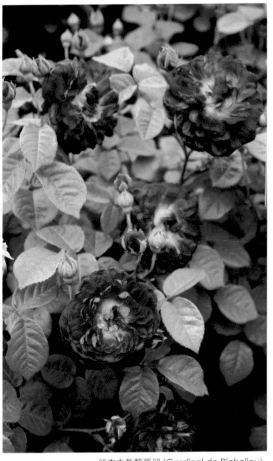

紅衣主教黎胥留（Cardinal de Richelieu）

過度施肥是造成病害的根本原因

有人說玫瑰很需要肥料的滋養，出現這種說法吧！

但真的是這樣嗎？第一批花開花後，但是野生的玫瑰，即使沒有施要施肥，夏季修剪前，施給能促進肥，每年依舊開花，從這裡就可看新芽生長的肥料，日本冬天還要加出，玫瑰本來就不是那麼需要施肥施寒肥，可能是這種一年施好幾次的植物。

肥的栽培法普遍流傳的關係，才會過度施加肥料的話，部分無法儲

存於土壤裡的肥料會溶在水裡，致使玫瑰吸收超過需要量的肥料，結果導致各種生長障礙的情形發生。

特別是化學肥料，容易造成土壤的鹽分濃度過高，反而會奪走根部的水分。

花後肥料、促進新芽生長的肥料都是不必要的。將基本的施肥方法記起來吧！

為了幫助玫瑰生長，開出美麗的花朵，適時適量地施加肥料是很重要的。然而必須嚴禁過度施肥。請試著了解肥料的性質和效果，適當的運用在栽培管理上吧！

因為施加過多的化學肥料，導致葉片邊緣發生乾燥皺縮的現象。

植物所需要的肥料

能促進植物生長的肥料，其組成包括了植物所需而且需要量極大的大量元素，再來就是需要量次之卻不能缺乏的中量元素，另外還有需要量極少，但若不足的話會影響生長的微量元素。大量元素是指氮、磷、鉀，又被稱為肥料的「3大要素」。中量元素包括鈣、鎂、硫。微量元素有錳、硼、鐵、鋅、鉬、銅、氯等等。

雖然需要量不同，但是每一種都是植物生長所不可或缺的元素。想要花開得漂亮，植株長得健康，適度施與含有上述這些三元素的肥料是很重要的。

肥料的 3 大要素

氮

它是植物的莖、葉、根生長所需要的成分，同時也合成氨基酸、蛋白質、葉綠素等等的材料，因此氮是植物成長所不能或缺的。

磷

也有人稱它為「花肥」、「果肥」，能促進生長點的細胞分裂，同時也是開花、結果、根部生長所需要的重要元素。

鉀

能活絡植物的生理作用，對促進根、莖的堅硬強健也有效果。

基本的施肥方法

庭園種植（地植）

在初次種植時施一次基肥（➡P112）。在日本之後每年只需施肥一次，於冬天施加寒肥就可以了。註 台灣栽培玫瑰，建議每年秋季中修剪、冬季強修剪之後，可施放有機長效顆粒肥料。

薩哈拉 98(Sahara'98)

盆栽種植（盆植）

換盆之後，等芽長出 1cm 開始施加追肥（➡P98）。3～10月的生長期期間，一個月施肥一次，高溫期的 8 月可暫停施肥。

陣雪 (Snow Shower)

玫瑰栽培應以有機肥料為主

肥料分為有機肥料和化學、化合肥料，玫瑰栽培建議使用有機肥料。

利用完熟堆肥或油粕所製成的有機肥料裡面，含有植物生長所必需的微量元素，除此之外，還能增加土壤中的有益微生物。其效果顯現比較緩慢，能長時間慢慢釋放養分供玫瑰吸收，促進其健康成長。

另一方面，化學、化合肥料裡含有鹽類，長年持續使用的話，會造成葉子邊緣皺縮枯萎，或是芽長不出來等生長障礙的情況發生。但是，若是遇到新整理的土地等土壤裡幾乎沒有養分的情況時，光靠有機肥料是無法補足養分的，此時就需要化合肥料的幫忙。除此之外，採用盆植栽種時，土壤容易轉成鹼性，此時為了調整至最適合玫瑰生長的弱酸性，可使用緩效性化合肥料當做追肥添加至土裡。

了解各種肥料的特性，並正確地使用是很重要的事。不管是有機肥料或是化合肥料，都請記得不要過度施肥哦！

肥料的種類

名　稱	特　徵
有機肥料 (有機質肥料)	利用落葉、菜渣、草、稻殼、米糠、土、糞尿等等動物性或植物性原料經過發酵所製成的肥料。透過土壤裡微生物的活動，將肥料裡的氮、磷、鉀等成分加以分解。屬於緩慢發揮效用的肥料。
無機肥料 (無機質肥料)	由氮、磷、鉀等無機物所組成的肥料。有化學合成的，也有從天然礦物提煉製成的。是具有速效性的肥料。
化學肥料、 化合肥料	化學肥料是指透過化學合成或將天然原料經過化學加工所製成之肥料。化合肥料是指裡面含有2種以上成分的化學肥料，屬於複合肥料。

有機肥

將幾種可做為中藥原料的中藥材裡的藥用成分去除之後的殘渣，經過發酵之後製成的堆肥。

魔肥

粒狀的化合肥料，因為屬於緩效性肥料，可用來做為盆植栽種的追肥。

玫瑰專家鈴木的 秘藏知識分享

特別推薦的有機肥料是 完熟馬糞堆肥

在種植玫瑰時建議使用以馬糞發酵而成的完熟馬糞堆肥。馬糞堆肥裡碳和氮的比例，也就是所謂的碳氮比，是20，這是做為堆肥使用的理想數值。

牛糞相較於馬糞，水分比較多，所以在做堆肥時，有時必須攙入稻草或木屑以吸收水分，或是添加能促進發酵的微生物。還有就是，牛飼料裡有時會添加鈣質，或是飼主讓牛舔鹽的原故而導致牛糞的鹽分濃度增加。

綜合以上的理由，因此建議玫瑰栽培使用完熟馬糞堆肥。

適合用於玫瑰的有機肥料

牛糞・馬糞堆肥

含有植物生長的必要微量元素（鈣、鎂等等），可用來做為土壤改良的材料。

▶ 完熟馬糞堆肥

腐葉土

將落葉層疊堆積放置一年以上讓其熟成之後所製成的肥料。被廣泛利用為土壤改良的材料。

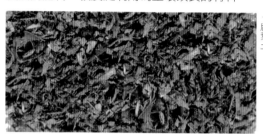

▶ 腐葉土

油粕

其原料來自油菜子或黃豆榨完油之後所剩下的殘渣。氮是主要的成分，並含有少量的磷和鉀。油粕經過發酵之後，就是所謂的發酵油粕。

▶ 油粕

骨粉

將家畜的骨頭弄碎，以 1000℃ 高溫燒製而成的肥料。可以用來補充有機肥料裡經常不足的磷。

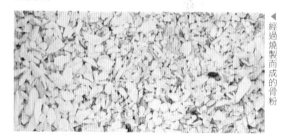

▶ 經過燒製而成的骨粉

發酵肥料

油粕、骨粉、雞糞、米糠等等發酵而成的堆肥。透過發酵讓肥效變得比較溫和，所以稱之為「發酵肥料」。發酵肥料也可以自己製作。

▲ 放置發酵 100 日以上的發酵肥料（產品如右圖）。

Point

熔成磷肥要跟其它肥料分開施肥

熔成磷肥是將天然磷礦石弄成細小碎塊後，經過加熱處理製成的肥料。可以用來補充其它有機肥料經常不足的磷。磷礦石也有人稱之為鳥糞石，是鳥類糞便堆積而成的天然素材。含有豐富的鈣、鎂等元素。

若沒有施加在根部附近無法發揮效用，所以在當作基肥使用時，要跟其它肥料或堆肥分開，施放在比較靠近根部的位置。

▲ 熔成磷肥

更多有關玫瑰的知識！

繁殖培育玫瑰的砧木

在店裡看到的苗，有時會遇到植株基部附近用膠帶纏起來的情況。仔細觀察的話，會發現枝條存在著段差。這是在生產玫瑰苗時，利用「嫁接法」所培育出來的苗，纏膠帶的目的就是為了固定嫁接部位。

所謂嫁接，就是在玫瑰樹上(砧木)接上其它玫瑰(插穗)的芽，藉以繁殖玫瑰的一種方式。插穗的芽，從砧木的根吸取水分和養分，來供其生長發育。因此相接的部位(嫁接處)必須用嫁接專用膠帶一圈一圈纏繞，將之牢牢固定。隨著成長，砧木和接穗會結合為一體，屆時就能將膠帶拿掉了。

現在，市售的玫瑰苗，很常見到嫁接苗。其中，雖然也有使用「扦插法」所繁殖出來的扦插苗，或是用播種繁殖的野薔薇或山椒薔薇之類的原生種，但一般的園藝品種，在日本還是以嫁接苗為主流。註台灣則以扦插苗為主。

野薔薇的花

砧木是玫瑰生長的支撐基台，那麼應該使用何種玫瑰做為砧木呢？

日本因為多雨，一般的土壤大多偏向酸性，歐洲或北美則以鹼性土壤居多。

砧木的選擇使用必須配合當地的土壤狀況。在日本，大多是使用日本原生種的野薔薇來做為砧木，因為即使是種在酸性土壤裡也比較容易生長，同時也比較能夠適應日本的高溫多濕的氣候。

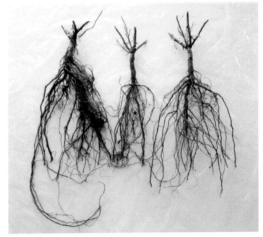

被挖起來做為砧木使用的野薔薇的苗

歐洲的嫁接苗比較常用疏花薔薇 (*Rosa laxa*) 做為砧木。歐洲的砧木，因為原產於乾燥地區，因此極耐乾燥，並且具耐寒性。

在美國，修博士 (*Rosa* 'Dr.Huey') 常被拿來做為砧木。修博士 (*Rosa* 'Dr.Huey') 是 1920 年在美國所培育出來的品種，開的是紅中帶黑的花朵。雖然體質強健，但是較不耐黑點病。

在日本，除了野薔薇的嫁接苗之外，也有販售在歐洲或美國當地進行嫁接的進口苗。在買苗的時候，最好要將砧木的性質納入考量。

美國的苗

庭園設計和玫瑰品種介紹

玫瑰的造型應用

善用樹形享受造景樂趣

一開始先從平面開始，熟練之後就可挑戰立體造型

玫瑰的樹形或枝條的粗硬度各有不同，開花方式、花朵大小和花形亦多種多樣。因此，可說是能讓你充分發揮庭院或是住所裝飾創意的植物。對於新手而言，可以讓樹型玫瑰維持原有風貌，或是採用圍籬等時，大部分是使用蔓性玫瑰，但是瑰維持原有風貌，或是採用圍籬等

平面的造型方式。等你對玫瑰的修剪或誘引比較熟練之後，你可以利用拱門、棚架、花柱等方式，設計規劃出具立體感的景觀造型。

通常若要將玫瑰誘引至結構物上是很重要的一件事。

若想利用較大型的矮叢型或是灌木型玫瑰來發揮你的創意想像，也是可以的。考量玫瑰覆蓋的空間和造型應用方式，據以選擇合適的品種是很重要的一件事。

被花覆蓋的華麗牆面或圍籬，亦或是優雅的拱門等等，玫瑰會因為不同的造型應用方式而表現出各異其趣的風情。配合玫瑰的栽種空間，享受各種樹形栽培樂趣吧！

標準型樹玫瑰

先培養砧木，讓它長高之後，在其上部嫁接接穗，讓玫瑰長成如樹木般的外形，稱之為標準型樹玫瑰。砧木的部分形成支柱，可選擇讓玫瑰在較高的位置開花，或是讓花枝垂下來，也可在基部附近搭配種植別的草花，能讓庭院或是花壇的景觀造型更具立體感。

適合的種類
進行嫁接的部位不會馬上乾枯，花開得很漂亮的品種。例如：和平 (Peace)、烏拉拉 (Urara)、小特里亞農宮 (Petit Trianon)、波麗露 (Bolero)、愛蓮娜 (Elina)、正義喬依 (Just Joey)、咖啡拿鐵 (Caffe Latte)、笑顏 (Emi) 等等。

伊呂波 (Iroha)

圍籬（或柵欄）

圍籬或柵欄的造景方式，因為是利用誘引讓枝條往側面生長，所以幾乎大部分的品種都可以拿來使用。遇到圍籬比較長的情況，可同時種植數個品種巧妙搭配出美麗的景致。若圍籬沒有讓玫瑰攀附的地方，可以架設鐵絲，加以誘引。若是沿著馬路種植，要注意不要讓延伸的枝條對過路行人造成困擾。

白伊甸 (Blanc Pierre de Ronsard)

適合的種類　沿著馬路邊種植能散發出美好香氣的品種，或是能沿著橫向蜿蜒生長的枝條，開出大量花朵的品種等等。

地被玫瑰

透過誘引讓玫瑰的枝條在地面或是草地上橫向蔓延生長的一種造景方式。適合枝條柔軟無法直立，能綻放大量小型花朵的品種。

適合的種類　樹形低矮的品種，一莖多花具匍匐性的小輪品種，具耐病性的品種等等。

牆面

讓玫瑰沿著建築物的牆面蔓延生長的造景方式。會頻繁萌生新梢更新枝條的品種，因為必須反覆進行誘引，相當耗費工夫，因此要避免使用這樣的品種。花朵容易低垂朝下開花，或是花莖很長枝條容易垂落之類的品種，必須考量開花的位置，妥善地規劃運用。為了固定枝條，可能會需要在牆壁上打螺絲釘，或是架設鐵絲。

適合的種類　不容易萌生新梢更新枝條的品種。

錐型花架

利用誘引讓枝條纏繞在支柱或方型紙燈籠狀的錐型花架上，適合想在狹小空間栽種多個品種的情況。也可以用來做為景觀標誌物或是視覺焦點。

羅布斯塔 (Robusta)

 適合的種類　枝條細軟的品種，從植株基部就能開花良好的品種。

網格花架

有大型花架到適合盆栽使用的小型花架等各式各樣的尺寸。可把數個花架並排在一起形成圍籬或是圍牆，或是放在庭院的中間做為景觀的視覺焦點，有很多不同的運用方法。

被誘引攀附在盆栽花架上的狀態

適合的種類　花莖短的品種、蔓性的迷你玫瑰，修剪得很短亦開花良好的品種。

玫瑰花床

透過誘引讓玫瑰在高度約 50 ～ 60 公分，如床一般的棚架上生長的一種造景方式。因為是將枝條水平誘引，所以大部分品種的開花狀況都會變好。花莖長枝條下垂或是花朵低垂朝下開花的品種，因花朵不容易被看見，要特別注意。

適合的種類　灌木型玫瑰，能沿著橫向蜿蜒生長的枝條，開出大量花朵的品種。

瑞伯特爾 (Raubritter)

拱門

為了讓花開得比較繁茂，需要利用誘引讓枝條呈 S 形彎曲生長，因此枝條柔軟的品種會比較容易誘引。若是從植株基部就會開花的品種，拱門花架的下部也能看見繁花華麗的景致。小型的拱門，若是花莖較長的品種，可能會對穿越過的人造成困擾，這種情況下不適合選用延伸力旺盛的品種。

 適合的 種類　枝條柔軟的品種、從植株基部就會開花的品種、灌木型玫瑰、古典玫瑰等等。

蔓性薩拉邦德 (Sarabande)

棚架
屋頂

有時會看到有人在庭院或屋子前面的棚架，或是車棚的屋頂上，種一些朝上開花的品種，雖覆蓋整個棚架或屋頂，但卻無法清楚看見花的樣貌。若想要享受賞花的樂趣，要選花莖延伸較長，花朵低垂朝下開花的品種，或是利用誘引，讓比較多的枝條攀附在屋頂的周圍。

麗江薔薇 (Lijiang Road Climber)

 適合的 種類　枝條延伸力佳的品種、花莖長，花朵低垂朝下開花的品種等等。

玫瑰的園藝設計 ❷

玫瑰園的設計

打造憧憬的庭院

被花壇包圍的庭院，一覽無遺。在鋪著地磚的空地上面擺設花園桌椅。

沿著棚架或圍籬栽種的蔓性玫瑰，建議使用數個品種組合搭配。花色方面，選擇華麗的顏色或是典雅的顏色，庭院給人的感覺也會跟著改變。

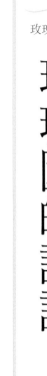

從投入玫瑰栽培開始，心裡對庭院設計不免會有一些憧憬吧！即便空間狹小，仍然不想放棄打造庭院的夢想。只要了解如何配合空間的設計規則，就能完成心目中夢想的庭院。

庭院基本設計規則和配合空間的規則

良好的庭院設計有兩大重點。第一點，就是要知道基本的設計規則。①決定設計概念⇩②表現玫瑰的美麗之處⇩③設計要能融合周遭環境⇩④營造視覺焦點。不論是多大的陽台或庭院，都必須依循四個步驟的設計規則。

第二點是，配合空間的設計規則。公寓的陽台或是獨棟房屋的庭院，庭園器具或物品的擺設方式會有差異，品種選擇的考量點亦必然不同。從54頁開始，會將庭院的類型分為「陽台」、「小庭院」、「大庭院」，分別解說設計的訣竅。

玫瑰園的設計步驟

步驟 ❷
表現玫瑰的美麗之處

接下來要著手進行玫瑰園的設計了，這裡要注意的是，畢竟是在設計玫瑰園，所以當然要善加運用玫瑰，展現其美麗風姿。不要只專注在一種玫瑰上，而要巧妙運用數種玫瑰，搭配出令人賞心悅目的庭園景緻。因此，開花時期的調整、玫瑰品種的選擇將會是重點。

步驟 ❶
一開始要先決定設計概念

當你想到「打造玫瑰園！」時，首先務必要先確認設計概念。不用想得太難，只須「想要一個開滿紅玫瑰的陽台」、「希望能一邊欣賞玫瑰，一邊和家人快樂享用午餐」、「希望能療癒路過行人的心」…等等簡單的想法即可。在設計開始前決定好設計概念是很重要的一件事。

步驟 ❹
營造視覺焦點

庭院必須要有視覺焦點，以營造出立體感，創造視覺上的深度感。營造視覺焦點並不困難，只需擺放一個具有高度，同時又引人注目的顯眼物品就可以了。可視個人喜好選擇像是錐形花架、花柱或是大型裝飾物等等物品。

步驟 ❸
設計要融合周遭環境

在進行設計時，往往不自覺就會把注意力放在玫瑰品種的選擇上。但是窗戶的類型、從房間看出去的景觀、房屋的材質和色彩、庭院與房屋或門前通道之間的相對位置、與鄰地間的位置關係等等與建築物有關的因素，都是在庭院設計時應該考量進去的。希望你在打造玫瑰園時，能將建築物或是景觀融入設計當中。

玫瑰專家鈴木的秘藏知識分享

要先有玫瑰栽培做為基礎才能實現你夢想中的設計

❶ 建築物和庭院的位置關係、方位和日照條件、通風、排水等因素都應確認清楚。

❷ 考量花色、花朵大小、開花時期、葉片大小、氣氛等等因素，據以選擇合適的品種。

❸ 估算在每日照料或病害防治上需投入多少時間，據以評估最適宜的栽種量及種類。

設計玫瑰園是很有趣，令人感到開心雀躍的事情。但是，請別忘記栽種玫瑰應注意的基本事項。

還有一件很重要的事就是「整地」，將其納入考量開始進行玫瑰園設計吧！

即使是陽台或露台，也能規劃成小型玫瑰園，享受設計的樂趣。因為面積小，往往會讓人覺得只能設計成簡單風格，若能善加利用網格花架或是錐形花架，會讓整個空間規劃更具美感。陽台栽培的相關重點也應事先有所了解 (➡P102)。

與其直接將花盆放在地板上，不妨利用吊盆，將玫瑰擺放在較高的位置。在設計陽台花園時，應考慮從室內往外看的視野與視角。

將玫瑰盆栽擺放在用磚頭圍成的半圓形區域內。即使面積狹窄，還是能夠進行裝飾點綴，增添華麗感。利用將錐形花架插在中央的花盆裡等等方式，創造高度感，營造出視覺上的立體感。

DESIGN · 01

三角形或梯形，面積不大的陽台

利用直立性的品種，創造空間的高度感。

即使空間狹小，鋪上草皮地板，就能讓陽台的氣氛為之改變。

DESIGN · 02

某一方向有強烈日照的寬敞陽台

在掛著花盆的錐形花架上加裝小輪子，變成移動式花架非常方便。若迷你玫瑰是分成諸多小盆栽種，要移動花盆應該也會比較容易。將蔓性的迷你玫瑰誘引在錐形花架上，可用來遮擋室外機等物品。

在前後不同高度的地板上並排擺放花盆，增加玫瑰的分量感。

擺放幾個不同大小和不同高低的素燒陶盆，創造空間的立體感。在最大的陶盆裡插上錐形花架，塑造視覺焦點。

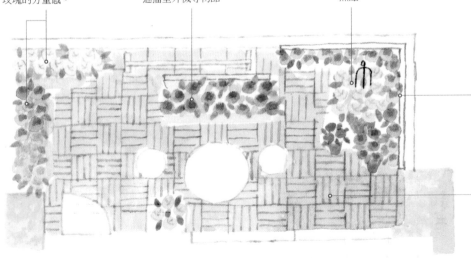

將蔓性玫瑰誘引到網格花架上。到了夏季可用網格花架來當遮陽物。

鋪上木地板，可以襯托突顯玫瑰的花色。

DESIGN · 03

可以規劃 2 個景觀方向的 L 型陽台

在這個與廚房相連，放著花園桌椅的區域裡，擺放著有玫瑰攀附其上的網格花架，替桌子周圍增添繽紛華麗的氣息。

若放置花盆的空間有限，可將網格花架用吊掛的方式懸掛花盆。也可以拿來遮擋晒衣架。

混凝土地板經過太陽照射曝曬，容易變得乾燥。鋪上草皮或是木地板，可以緩和乾燥現象，同時可讓花園更有大自然的氛圍。

在角落的花盆裡插上錐形花架，誘引蔓性玫瑰攀附其上，或是種一些直立性的品種，創造高度感，並成為陽台花園的景觀重點。

古色古香的木桌或木架跟玫瑰園非常相襯。上面擺放一些迷你玫瑰盆栽或裝飾品，可增添立體感。

利用長形花槽進行混栽，表現出華麗感和分量感。調整變化玫瑰植株的高度，會看起來更有立體感。

DESIGN · 04

一般的小型陽台

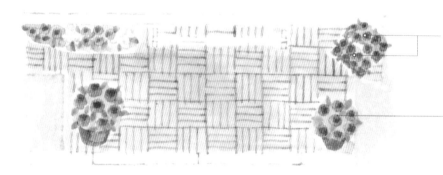

在有段差的地板上放置花盆，呈現出高低差的立體感。可以利用相同系統顏色的玫瑰，表現出微妙的顏色漸層變化，或是利用花朵大小的差異去創造視覺變化的效果，享受佈置花園的樂趣。

沒有足夠空間放置太多花盆的陽台，只需放一個大型植株，就能營造華麗感。可以善用具設計感的漂亮盆器去營造出你喜歡的氛圍。

Point

集合住宅必須先確認管理規章

● 可能會遇到陽台是共用的情況，或是無法設置大型的網格花架。

● 不要阻礙逃生通路，也不要讓土造成排水管堵塞不通。

● 要注意不要讓吊盆或水掉落到樓下陽台或是馬路。

● 設計時，要讓人坐在房間裡就能看見美麗的景觀。

小型玫瑰園可與結構物相互搭配表現出整體感。利用錐形花架或裝飾物品表現出高低差的變化，可以讓庭園看起來更寬廣，更有立體感。

藉由風格或色調的統一，提升格調

- 選擇枝條柔軟、葉片給人優雅柔和感的品種，能讓整個庭院沉浸在溫暖舒緩的氛圍裡。
- 小型庭院的設計最好要層次變化分明，以提升視覺效果和可看性。
- 與其著重玫瑰的多種多樣，不如在色調上表現出某種程度的統一感，反而更能提升玫瑰園的格調和氣質。

DESIGN - 01
充滿明亮柔和顏色的小花園

活用花柱或是較高的錐形花架等造景方式，能讓景觀更豐富有變化。

可擺放一些古色古香的素燒陶器，或是與玫瑰園氣氛相襯的大型裝飾物，製造視覺焦點。裝飾物周圍的玫瑰盆栽，可以選其中一部分插上錐形花架，製造高低差的變化。

將玫瑰從棚架誘引至窗邊，讓庭院與建築物融合一體。同時可讓人感受到空間的深度感。在棚架的下面放置桌椅，能讓人更盡情享受盛開時期的玫瑰香氣。

DESIGN · 02

利用盆器營造
景觀變化的小庭院

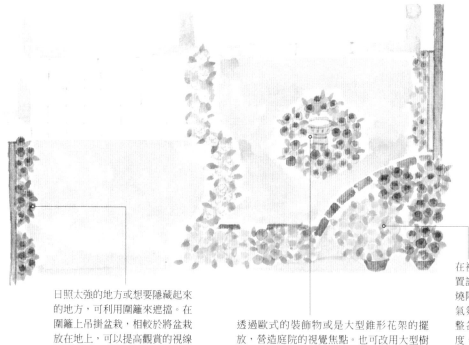

日照太強的地方或想要隱藏起來
的地方，可利用圍籬來遮擋。在
圍籬上吊掛盆栽，相較於將盆栽
放在地上，可以提高觀賞的視線
高度，營造景觀的高度和廣度。

透過歐式的裝飾物或是大型錐形花架的擺
放，營造庭院的視覺焦點。也可改用大型樹
玫瑰取代裝飾物去強調存在感。

在被磚塊包圍的花壇裡放
置許多盆栽。利用大型素
燒陶器等盆器稍加點綴，
氣氛就跟著為之一變。調
整各別盆器改變玫瑰的高
度，就能讓景觀更有變化。

DESIGN · 03

限制蔓性玫瑰色彩數量
的浪漫小庭院

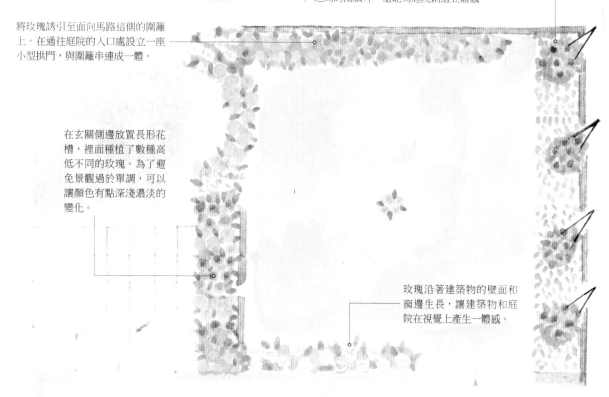

擺放錐形花架，誘引玫瑰攀爬其上，花架底部
種著草花簇擁其下。錐形花架除了能做為與鄰
戶之間的圍牆外，還能為庭院創造立體感。

將玫瑰誘引至面向馬路這側的圍籬
上。在通往庭院的入口處設立一座
小型拱門，與圍籬串連成一體。

在玄關側邊放置長形花
槽，裡面種植了數種高
低不同的玫瑰。為了避
免景觀過於單調，可以
讓顏色有點深淺濃淡的
變化。

玫瑰沿著建築物的壁面和
窗邊生長，讓建築物和庭
院在視覺上產生一體感。

大庭院裡可以擺放長凳和椅子、棚架或拱門、錐形花架或花柱等等做為裝飾。這些東西的配置必須一開始就要決定好。也可利用高台或花園露台來增加庭園景觀的可看性。

設計訣竅就是從大型物體開始做決定

● 視覺焦點要是圓形還是方形，或是其它形狀？先決定好最大的焦點，再進行後續的設計。
● 擺放代表玫瑰園的物品或是拱門，營造欣喜雀躍的氛圍。
● 簡單風格的裝飾物跟玫瑰會比較相襯。

DESIGN - 01

打造一個沿著小徑處處是美景的大型玫瑰園

在大庭院裡，可以試著挑戰鋪設磚造或石板小徑。小徑使用的材質或顏色，還有配置的方式，會大大左右庭院的氛圍。

建造一個休憩露台，擺放上桌椅，做為能眺望整個庭院，賞景散心的舒適空間。若用蔓性玫瑰攀附的圍籬做為露台的牆壁，還能一邊享受玫瑰的微微幽香。

拱門必須配合庭院的面積大小。體積大卻不平穩的拱門可能會毀了好不容易打造的庭園景觀。設立拱門時務必牢牢固定好，不要讓它傾倒。

在磚頭做成的半圓花壇裡擺放古式風格的裝飾物，營造視覺焦點。藉著提高觀賞者的視線高度，塑造庭院在視覺上的寬敞感。

在花壇中央設置大型盆器，製造高度的變化。在盆器裡插上錐形花架，表現高低差的層次感，且能增添美感。

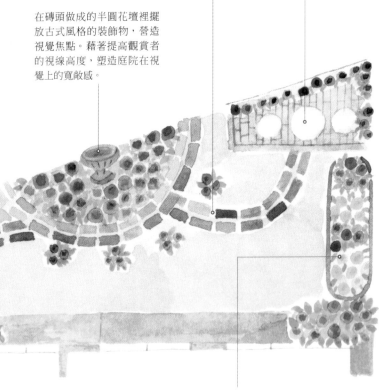

攀附在窗邊的玫瑰，讓庭院和建築物在視覺上產生一體感。

利用花槽來佈置有時能讓景觀為之一變。配合庭院的風格和氣氛，選擇花槽的材質和顏色。在裡面種植幾個不同種類的玫瑰，以營造高度和色彩的變化。

讓從庭院外路過的行人
也能享受賞花樂趣的大型庭院

利用玫瑰攀附的圍籬製造高度感，同時做為空間的區隔，也是遮陽擋風的重要屏障。

利用較高的玫瑰盆栽，放置於兩側，營造出左右對稱的設計感。創造高低差變化的同時，又表現出均衡美感。

設置攀附著2種玫瑰的棚架，增強庭園景觀的立體感。建議在棚架下面擺放能坐著欣賞庭園的長凳。

小徑使用的磚塊或石頭的顏色、質感，對庭院氛圍具有很大的影響性。因此材質的選擇非常重要。

透過圓形高台的設置，能提升庭院的立體感和華貴形象。在高台中央放置古式風格的大型裝飾物可以收到畫龍點睛的效果。

馬路邊的圍籬上，建議選擇香氣強的品種，讓路過行人能同時享受賞景聞香的樂趣。若種的是高大品種的玫瑰，也具有圍牆的阻隔作用。

按類型選擇
適合栽種的玫瑰花品種

這裡將會按照不同分類介紹玫瑰花。請依居住地區、種植場所等等，並配合生長環境選擇適合你種植的玫瑰。從標示和基本資料，很清楚就能看出屬於何種類型的玫瑰花。

六種分類

將會按照特定的屬性傾向加以分類並且介紹。

適合庭園栽種	適合盆植栽種	耐寒品種	耐熱品種	耐陰品種	耐病害品種
↓	↓	↓	↓	↓	↓
P74	P70	P68	P66	P64	P60

標示的圖例

病害	**黑** …… 耐黑點病
	白 …… 耐白粉病
環境溫度	**熱** …… 耐熱
	寒 …… 耐寒
	陰 …… 耐陰
種植環境	盆 …… 適合盆植栽種
	庭 …… 適合庭園栽種
開花時期	四季 …… 四季開花性
	重複 …… 重複開花性
	一季 …… 一季開花性
香氣強度	強香 …… 香氣濃郁
	中香 …… 香氣中等
	微香 …… 香氣微弱

基本資料的代表意思

〈系統〉…… 玫瑰所屬系統的英文縮寫
〈花色〉…… 花瓣的顏色
〈花形〉…… 花瓣的排列方式、開花方式
〈花徑〉…… 花的直徑
〈樹形〉…… 植株整體的外形
〈樹高〉…… 成株時的高度
〈得獎〉…… 主要獲獎的競賽名稱

系統的英文縮寫

F ： 中輪豐花玫瑰
HT ： 大輪玫瑰
CL ： 蔓性玫瑰
S ： 灌木型玫瑰
Min ： 迷你玫瑰
ER ： 英國玫瑰

競賽名稱的英文縮寫

AARS ： 全美玫瑰品種選拔大賽
ADR ： 德國國際玫瑰競賽
BADEN ： 德國巴登巴登國際玫瑰競賽
BAGATELLE ： 法國巴蓋特爾國際玫瑰競賽
ECHIGO ： 國際芬香新品種玫瑰大賽
GIFU ： 日本岐阜國際玫瑰競賽
JRC ： 日本國際玫瑰新品種競賽
LYON ： 法國里昂國際玫瑰競賽
MONZA ： 義大利蒙扎國際玫瑰競賽
HAGUE ： 荷蘭海牙國際玫瑰競賽
RNRS ： 英國皇家玫瑰協會
ROME ： 羅馬國際玫瑰競賽
WFRS ： 世界玫瑰協會聯盟

耐病害品種

玫瑰最容易得到的代表性病害就是黑點病和白粉病。近年來，每年都有耐病害的品種被發表出來。這裡將會介紹能夠耐這兩種病害的玫瑰品種。對種玫瑰的新手而言，耐病害的玫瑰容易照料，可說是再適合不過了。

貝芙麗
— Beverly —

系統	HT
花色	粉紅色
花形	劍瓣高心型
花徑	10～12公分
樹形	橫張性
樹高	120～150公分
得獎	BADEN 等獎項

花莖軟，耐熱性很強。香氣很濃郁，參加過不少競賽，得過各式各樣的獎項。
黑 白 熱 陰 庭 四季 強香

檸檬酒
— Limoncello —

系統	S
花色	黃色
花形	圓瓣波浪型
花徑	3～4公分
樹形	半橫張性
樹高	120～150公分

花莖細軟，開花量多，大簇盛開的模樣很適合用來庭園造景。建議種在低矮圍籬之類的地方。
黑 白 熱 寒 陰 盆 庭 四季 微香

夏日早晨
— Sommermorgen —

系統	S
花色	嫩粉紅
花形	圓瓣平開型
花徑	5〜6.5公分
樹形	半蔓性
樹高	60〜80公分
得獎	RNRS

很容易萌生新梢，又不容易染害蟲的品種。花量可觀，也可以誘引。
[黑] [白] [熱] [寒] [盆] [庭] [四季] [微香]

波麗露
— Bolero —

系統	F
花色	純白到淡粉紅色
花形	簇生型
花徑	10公分
樹形	半橫張性
樹高	80公分

樹形嬌小，即使用盆植栽種也管理容易。香氣很強。即使秋天，花也能開得很漂亮的人氣品種。
[黑] [白] [熱] [寒] [盆] [庭] [四季] [強香]

吸引力
— Knock Out —

系統	F
花色	玫瑰粉
花形	半重瓣型
花徑	7〜8公分
樹形	橫張性
樹高	90〜120公分
得獎	AARS/ADR 等獎項

即使沒有灑藥劑，也不容易感染病害。能持續不斷地開花。很容易照料的品種。
[黑] [白] [熱] [寒] [陰] [盆] [庭] [四季] [微香]

玫瑰花園
— Garden of Roses —

系統	F
花色	淡杏色到淡粉紅
花形	簇生型
花徑	7公分
樹形	半橫張性
樹高	100公分
得獎	ADR 等獎項

樹形嬌小，所以也可盆植栽種。秋天時，開花狀況亦十分良好。花色的微妙變化是其魅力所在。
[黑] [白] [熱] [寒] [盆] [庭] [四季] [中香]

新娘萬歲
— Vive la Mariée! —

系統	HT
花色	乳白色
花形	圓瓣環抱型
花徑	12〜14公分
樹形	半直立性
樹高	160公分
得獎	RNRS/ROME 等獎

不會有因冬寒造成枝條上長黑點病的問題。散發水果般的香氣，因而在不少芳香競賽上獲獎。
[黑] [白] [熱] [寒] [庭] [四季] [強香]

佛羅倫蒂娜
— Florentina —

系統	CL
花色	深紅色
花形	圓瓣杯型
花徑	7〜9公分
樹形	蔓性
樹高	200〜250公分
得獎	JRC 等獎項

花莖彎曲，即使沒有誘引，從植株基部開始就能開花開得很漂亮。屬於老枝也會開花的類型。
[黑] [白] [熱] [寒] [盆] [庭] [四季] [微香]

艾拉絨球
— Pomponella —

系統：	CL
花色：	深桃紅色
花形：	杯型
花徑：	4 公分
樹形：	蔓性
樹高：	200 公分
得獎：	ADR

單莖上有 10～15 朵花成簇綻放，能夠重複開花。葉子帶有光澤，建議種在拱門上。 黑 白 熱 寒 庭 四季 微香

諾瓦利斯
— Novalis —

系統：	F
花色：	薰衣草紫
花形：	杯型
花徑：	9 公分
樹形：	直立性
樹高：	120～150 公分
得獎：	ADR

藍色系玫瑰裡面最強健的品種。耐陰性強，植株生長良好，也很容易開花。 黑 白 熱 寒 陰 盆 庭 四季 微香

浪漫的夢
— Umilo —

系統：	S
花色：	杏色到淡桃紅色
花形：	波浪瓣環抱型
花徑：	7～8 公分
樹形：	半蔓性
樹高：	150～200 公分
得獎：	HAGUE

雖然很容易長出粗長的新梢，但是也可以將花莖剪短，修整成較小巧的植株來種植。散發著一股辛香。 黑 白 寒 盆 庭 四季 中香

戀情火焰
— Mainaufeuer —

系統：	S
花色：	紅色
花形：	圓瓣平開型的重瓣
花徑：	6.5～7.5 公分
樹形：	蔓性
樹高：	120 公分
得獎：	JRC

耐乾燥，適合庭園造景的玫瑰。一顆植株就能長很多花，建議種在花盆和低矮的圍籬。 黑 白 熱 寒 盆 庭 四季 微香

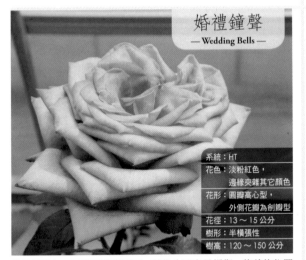

婚禮鐘聲
— Wedding Bells —

系統：	HT
花色：	淡粉紅色，邊緣夾雜其它顏色
花形：	圓瓣高心型，外側花瓣為劍瓣型
花徑：	13～15 公分
樹形：	半橫張性
樹高：	120～150 公分

花瓣很強韌，因此即使淋到雨，花朵也不容易損傷。修剪的位置要比較高一點。容易長盲芽的品種。 黑 白 熱 寒 庭 四季 中香

安德烈‧葛蘭迪
— Andre Grandier —

系統：	HT
花色：	淡黃
花形：	圓瓣平開型
花徑：	10 公分
樹形：	半橫張性
樹高：	150 公分
得獎：	ARRS 等獎項

是黃色玫瑰裡少見能耐黑點病的強健品種。淡黃的花色越接近花瓣邊緣會變得偏白色。 黑 白 庭 四季 微香

白色梅安
— White Meidiland —

系統：	S
花色：	純白
花形：	彩球型
花徑：	7 公分
樹形：	半蔓性
樹高：	60～100 公分

即使修剪得比較短，還是能開很多花，因此可以將之培育成繁盛茂密的低矮植株。

黑 白 熱 寒 盆 庭 四季 微香

蘿莎莉
— Rosalie Lamorlière —

系統：	F
花色：	櫻花粉
花形：	簇生型
花徑：	5～6 公分
樹形：	半橫張性
樹高：	80～100 公分
得獎：	LYON 等獎項

花瓣數量很多，就好像捧花般成簇綻放。樹形小巧，很適合種植在盆器或花壇裡。

黑 白 熱 寒 盆 庭 四季 微香

夏琳親王妃
— Princesse Charlene de Monaco —

系統：	HT
花色：	杏粉紅
花形：	波浪瓣環抱型
花徑：	11 公分
樹形：	直立性
樹高：	160 公分
得獎：	日內瓦國際玫瑰新品種競賽等獎項

杏粉紅色花瓣有著漂亮的波浪摺邊，雍容華貴。非常耐寒，芳香宜人。

黑 白 熱 寒 盆 庭 四季 強香

齊格飛
— Siegfried —

系統：	F
花色：	深紅色
花形：	環抱型→簇生型
花徑：	10 公分
樹形：	半直立性
樹高：	150 公分

一隻花莖上能長1～5朵花，開花持久，株型整齊。耐陰性強。花色為霧面紅。

黑 白 熱 寒 盆 庭 四季 微香

有點藍
— Kinda Blue —

系統：	HT
花色：	薰衣草紫
花形：	圓瓣型
花徑：	10 公分
樹形：	半直立性
樹高：	150 公分

藍色玫瑰系列裡顏色非常深的品種，屬於不容易萌生新梢更新枝條的類型，能長成強健的植株。

黑 白 熱 寒 盆 庭 四季 微香

宇宙
— KOSMOS —

系統：	F
花色：	整體是乳白色，花中心為淡杏色
花形：	圓瓣高心型
花徑：	8～12 公分
樹形：	橫張性
樹高：	150 公分
得獎：	ADR

雖然稍微不耐暑熱，但是抗病性強。花莖柔軟，夏季期間在涼爽場所會長成灌木狀。

黑 白 寒 盆 庭 四季 中香

杏子糖果
— Apricot Candy —

系統：	HT
花色：	杏色
花形：	半劍瓣高心型
花徑：	8公分
樹形：	半直立性
樹高：	120～150公分
得獎：	美國玫瑰之丘國際玫瑰競賽

具耐病性，耐暑性亦良好。花托結實穩固，開花越久，花瓣會越呈現出波浪狀。　　黑 白 熱 寒 陰 庭 四季 中香

耐陰品種

　　玫瑰喜好日照，若是在日照不足的場所種植玫瑰，請選擇具耐陰性的品種。耐病性強的品種，通常耐陰性也很好。在日陰處種植，必須確保通風及排水良好。

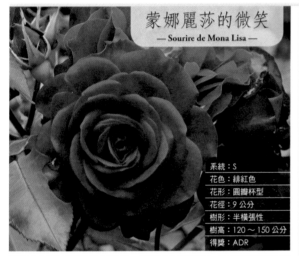

蒙娜麗莎的微笑
— Sourire de Mona Lisa —

系統：	S
花色：	緋紅色
花形：	圓瓣杯型
花徑：	9公分
樹形：	半橫張性
樹高：	120～150公分
得獎：	ADR

即使冬季修剪時將枝條剪短，花亦能開得很好。種在花槽等花器裡亦很容易栽種照料。　　黑 白 熱 寒 陰 盆 庭 四季 微香

白伊甸
— Blanc Pierre de Ronsard —

系統：	CL
花色：	乳白色，中心為淡粉紅到白色
花形：	簇生型
花徑：	9～12公分
樹形：	蔓性
樹高：	300公分

開花性和持久性皆良好，即使把植株剪短亦不影響開花。將枝條橫向誘引的話，可以讓花開得更茂盛。　　白 熱 寒 陰 庭 重複 微香

我的花園
— My Garden —

系統：	HT
花色：	珍珠粉紅
花形：	圓瓣環抱型
花徑：	13～14公分
樹形：	半直立性
樹高：	120～150公分
得獎：	ADR/AARS 等獎項

生命力旺盛，非常耐寒，即使在北海道亦能種植。承襲了大馬士革系列的濃郁香氣。　　黑 白 熱 寒 陰 庭 四季 強香

夏洛特夫人
— Lady of Shalott —

系統：	ER
花色：	花瓣的瓣面是橘色，瓣背是金黃色
花形：	杯型
花徑：	8公分
樹形：	半橫張性
樹高：	130公分

英國玫瑰當中屬於抗病性極佳的品種。辛香中散發微微茶香。　　陰 盆 庭 四季 中香

夏日回憶
— Summer Memories —

| 系統：CL |
| 花色：乳白色 |
| 花形：簇生型 |
| 花徑：7～9 公分 |
| 樹形：蔓性 |
| 樹高：200 公分 |
| 得獎：ROME 等獎項 |

從植株基部就會開花，種在拱門或支柱上也能開得茂盛華麗。即使將植株剪短，開花狀況依然良好。 黑 熱 寒 陰 庭 四季 微薔

永恆藍調
— Perennial Blue —

| 系統：CL |
| 花色：紫紅色，中心為白色到淡粉紅色 |
| 花形：圓瓣平開型 |
| 花徑：2～3 公分 |
| 樹形：蔓性 |
| 樹高：150～300 公分 |
| 得獎：BADEN |

冬季修剪即便將枝條剪短，開花狀況亦良好。成木時若植株發育充實，秋天亦能開花。要注意蟎蟲。 黑 白 熱 陰 盆 庭 直植 中香

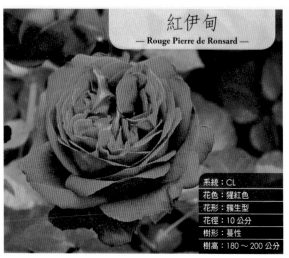

粉紅夏之雪
— Pink Summer Snow —

| 系統：CL |
| 花色：粉紅色 |
| 花形：波浪瓣型 |
| 花徑：5～6 公分 |
| 樹形：蔓性 |
| 樹高：200～300 公分 |

幾乎沒有刺，如同波浪裙擺的花瓣惹人憐愛。在日本也有用「春霞」這個名字在市面上流通。 熱 寒 陰 盆 庭 一季 微薔

瑪蒂蓮達
— Matilda —

| 系統：F |
| 花色：乳白色裡帶著淡淡的粉紅色 |
| 花形：圓瓣平開型 |
| 花徑：5～6 公分 |
| 樹形：橫張性 |
| 樹高：80～90 公分 |
| 得獎：BAGATELLE 等獎 |

可修整成小型植株栽種，盆植栽種也沒問題的強健品種。花瓣上的粉紅色在秋天時會比春天時更明顯。 熱 寒 陰 盆 庭 四季 微薔

紅伊甸
— Rouge Pierre de Ronsard —

| 系統：CL |
| 花色：猩紅色 |
| 花形：簇生型 |
| 花徑：10 公分 |
| 樹形：蔓性 |
| 樹高：180～200 公分 |

抗病性強，冬季即使強剪，亦不影響開花狀況，所以亦可盆植栽種。散發著大馬士革系列的香氣。 熱 寒 陰 盆 庭 四季 強香

蔓伊甸
— Pierre de Ronsard —

| 系統：CL |
| 花色：白中帶綠，花的中心為淡粉紅色 |
| 花形：杯型 |
| 花徑：9～12 公分 |
| 樹形：蔓性 |
| 樹高：300 公分 |
| 得獎：WFRS |

即使把植株剪短，亦能開花茂盛，但是因為不容易萌生新梢，所以修剪時要留下老枝。 熱 寒 陰 盆 庭 直植 微薔

衛城浪漫
— Acropolis Romantica —

系統：F
花色：花瓣底色為白色，帶著亮粉紅色覆輪
花形：杯型
花徑：5 公分
樹形：直立性
樹高：160 公分

新生枝條雖然纖細但樹勢佳，枝條長成之後，有可能會變成蔓性玫瑰。隨著開花時間越久，花瓣會變得偏白。 熱 庭 四季 微香

耐熱品種

玫瑰的耐暑性比耐寒性差，氣溫太高的話，會影響生長發育。尤其是日本高溫多濕的夏天，對玫瑰而言可算是嚴酷的環境。很耐熱的品種，即使在盛夏，也能萌發新芽，並且開花。

笑顏
— Emi —

系統：F
花色：杏色到灰粉色
花形：半劍瓣高心型～簇生型
花徑：9 ～ 10 公分
樹形：半直立性
樹高：70 ～ 100 公分

欣賞花色和花形的微妙變化是樂趣所在。可修剪成小巧植株進行管理，因此亦能盆植栽種。 熱 盆 庭 四季 微香

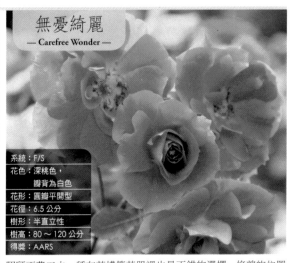

無憂綺麗
— Carefree Wonder —

系統：F/S
花色：深桃色，瓣背為白色
花形：圓瓣平開型
花徑：6.5 公分
樹形：半直立性
樹高：80 ～ 120 公分
得獎：AARS

照顧不費工夫，種在花槽等花器裡也是不錯的選擇。修剪的位置高一點，會讓花開得更好。 黑 熱 寒 盆 庭 四季 微香

家居庭園
— Home & Garden —

系統：S
花色：桃粉色
花形：簇生型
花徑：6 ～ 7 公分
樹形：橫張性
樹高：60 ～ 100 公分

抗病性強，開花性佳，5 ～ 10 朵聚集成簇開花。可在較高的位置進行修剪，培養成蔓性玫瑰的型態。 黑 白 熱 寒 庭 四季 微香

伊豆舞孃
— Dancing Girl of Izu —

系統：F
花色：黃色
花形：半劍瓣～簇生型
花徑：9 公分
樹形：直立性
樹高：130 ～ 160 公分

黃色玫瑰裡面的晚開花珍貴品種。極耐乾燥，直至晚秋都能持續開花。香氣宜人。 熱 寒 庭 四季 中香

浪漫古董
— Romantic Antike —

系統：	HT
花色：	杏粉紅
花形：	半劍瓣簇生型
花徑：	10～12 公分
樹形：	直立性
樹高：	150 公分

從切花人氣品種「古典焦糖玫瑰 (Caramel Antike)」芽變而來的花色變異品種。盆植栽種也很適合。

熱 陰 盆 庭 四季 中香

亨利‧方達
— Henry Fonda —

系統：	HT
花色：	深黃色
花形：	劍瓣高心型
花徑：	12 公分
樹形：	直立性
樹高：	120 公分

黃色玫瑰裡體質最強健的品種。屬於早開花，不容易褪色的矮性品種。

熱 盆 庭 四季 微香

尤里卡
— Eureka —

系統：	F
花色：	橘色到淡黃色
花形：	波浪瓣型
花徑：	9～12 公分
樹形：	橫張性
樹高：	100～120 公分
得獎：	AARS

樹勢強，會持續不斷長出新枝，開出大量花朵。用盆植栽種也沒問題的強健品種。

白 熱 寒 盆 庭 四季 中香

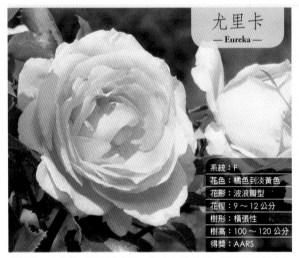

黑蝶
— Kurocho —

系統：	F
花色：	暗紅色
花形：	簇生型
花徑：	8～10 公分
樹形：	橫張性
樹高：	70～100 公分
得獎：	ARC

因曬傷導致花瓣皺縮的情況不常發生，因此花形不容易缺損，能長時間維持美麗的花姿。

熱 盆 庭 四季 微香

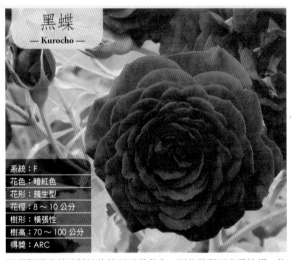

神秘香氛
— Secret Perfume —

系統：	HT
花色：	淡紫色
花形：	半劍瓣高心型
花徑：	12～13 公分
樹形：	直立性
樹高：	120～150 公分

即使冬季修剪時將植株剪短，春天至初秋依然能開出很多花。散發著類似甜檸檬的香氛。

熱 寒 庭 四季 強香

芳香蜜杏
— Fregrant Apricot —

系統：	F
花色：	杏色
花形：	劍瓣高心型
花徑：	10 公分
樹形：	半直立性
樹高：	100～150 公分

波浪狀的花瓣，夏季時顏色會變得更鮮明。適合盆植栽種。有著大馬士革系列的香氣。

熱 盆 庭 四季 強香

白蘭度
— Bailando —

系統	S
花色	略帶杏色的 粉紅色
花形	杯型
花徑	6 公分
樹形	橫張性
樹高	100 公分

能耐病害，秋季時亦能開花良好。屬於植株小巧低矮的品種，所以也很適合盆植栽種。

黑 白 熱 寒 盆 庭 四季 微香

耐寒品種

玫瑰在氣溫下降時，葉子會掉落，而且會停止生長，以俾為春天開花作準備。日本北海道和東北地方等會下大雪的地區，氣溫嚴寒，冬季會結冰，可能會有植株凍壞的情況發生。若要在寒冷地區種植玫瑰，請選擇耐寒的品種。

卡美洛
— Camelot —

系統	CL
花色	粉紅色 帶深桃紅色斑點
花形	平開型
花徑	8～10 公分
樹形	蔓性
樹高	250～300 公分
得獎	ADR/BADEN 等獎

開花時間越久，粉紅色花瓣上會漸漸出現深桃紅色的斑點。花莖少刺的品種。

黑 白 寒 庭 重複 中香

純真天堂
— Simply Heaven —

系統	HT
花色	杏色到白色
花形	半劍瓣高心型
花徑	12 公分
樹形	半直立性
樹高	150～180 公分
得獎	RNRS / GIFU

經常萌生新梢，在日陰處也能生長的強健品種。花色在秋天時，會比較明顯偏黃色。

白 熱 寒 陰 庭 四季 微香

浪漫貝爾
— Belle Romantica —

系統	F／S
花色	深黃色
花形	杯型
花徑	6 公分
樹形	直立性灌木型
樹高	100～180 公分
得獎	ADR

枝條呈灌木狀生長延伸，也可培育成蔓性玫瑰。帶著清爽宜人的香氣，具耐病性。

黑 白 熱 寒 盆 庭 四季 中香

瑪麗玫瑰
— Mary Rose —

系統	ER
花色	深粉紅色
花形	簇生型
花徑	8～9 公分
樹形	半蔓性
樹高	150～200 公分

枝條大體上是直直往上生長延伸，到了上部向外擴展。春天會密集開花，散發著清新宜人的香氣。

熱 寒 陰 庭 重複 中香

小紅帽
— Rotkappchen —

系統	F
花色	深紅色
花形	簇生型
花徑	5 公分
樹形	直立性
樹高	120 公分
得獎	LYON

雖然屬於遲開品種，但是會多次反覆開花。花瓣厚實強健，少有褪色的情況發生。
黑 白 熱 蔭 盆 庭 四季 微香

阿蒂蜜斯
— Artemis —

系統	F
花色	白色
花形	杯型～平開型
花徑	5～10 公分
樹形	直立性
樹高	180 公分

耐病性強。可以作為蔓性玫瑰使用，誘引在圍籬等等上面。散發如茴芹般的清爽香氣。
黑 白 熱 蔭 庭 四季 中香

陽光吸引力
— Sunny Knock Out —

系統	F
花色	黃色～乳黃色
花形	半重瓣型
花徑	7.5 公分
樹形	橫張性
樹高	100 公分

黃色的花朵隨著開花時間越久，會逐漸偏白，享受顏色的漸層變化是樂趣所在。香氣清爽宜人。
黑 白 蔭 隱 盆 庭 四季 強香

凡爾賽玫瑰
— La Rose de Versailles —

系統	HT
花色	鮮紅色
花形	劍瓣高心型
花徑	13～14 公分
樹形	半直立性
樹高	160 公分

夏季有時葉子會變形並長斑，待 9 月之後天氣涼爽就會恢復。鮮紅色的大形花朵，非常具有存在感。
黑 白 熱 蔭 庭 四季 微香

復古蕾絲
— Antique Lace —

系統	F
花色	濃杏色
花形	波浪瓣環抱型
花徑	4～5 公分
樹形	半直立性
樹高	80～100 公分

花期長而耐久，所以是切花的人氣品種。可以培養成小型植株，所以也很適合盆植栽種。
蔭 盆 庭 四季 微香

莫梅森的紀念品
— Souvenir de la Malmaison —

系統	波旁 (Bourbon)
花色	帶點米黃的淡粉紅色
花形	簇生型
花徑	10 公分
樹形	橫張性
樹高	100 公分

香氣誘人，到了秋季依然花量繁多的古典玫瑰。修剪方式請比照中輪豐花玫瑰。
黑 熱 蔭 盆 庭 四季 強香

新娘頭冠
— Bridal Tiara —

系統：S
花色：象牙白
花形：圓瓣高心型
花徑：7～8公分
樹形：半橫張性
樹高：80～120公分

對黑點病的耐病性強。植株的枝莖繁茂，雖然單一花莖上的花朵數量很少，但是會持續不斷地開花。　黑 熱 寒 盆 庭 四季 微香

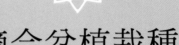

適合盆植栽種

　　不會長得很大，能維持小巧樹形的品種，長至成木之後，即使不換盆，依然每年都會開花的，便可算是適合盆植栽種的品種。但是，這類品種從新苗到長至成木的3～4年期間，換盆還是有必要的。

海蒂克隆玫瑰
— Heidi Klum Rose —

系統：F
花色：粉紫色
花形：圓瓣簇生型
花徑：9～10公分
樹形：半橫張性
樹高：80公分

開花性極佳，對白粉病的耐病性差，需留心注意。修剪要在較高的位置。散發著大馬士革系列的香氣。　熱 寒 盆 庭 四季 強香

摩納哥王妃
— Princesse de Monaco —

系統：HT
花色：白底，
　　　邊緣為粉紅色
花形：半劍瓣高心型
花徑：12～15公分
樹形：半橫張性
樹高：150～200公分
得獎：MONZA/GENEVE

耐病性強，對新手而言，也很容易栽種的人氣品種。以摩納哥王妃葛麗絲凱麗為名，以為致意。　熱 寒 盆 庭 四季 中香

奧林匹克聖火
— Olympic Fire —

系統：F
花色：鮮紅色
花形：圓瓣杯型
花徑：9～10公分
樹形：橫張性
樹高：60公分

花期長而耐久的強健品種，因淋雨而造成花朵受損的情況很少發生。晚秋時紅色會越發鮮艷濃麗，非常美麗。　熱 盆 庭 四季 微香

浪漫陽光
— Sunlight Romantica —

系統：F
花色：亮黃色
花形：簇生型
花徑：6～7公分
樹形：半橫張性
樹高：60～70公分

一隻花莖上6～8朵花成簇綻放，整個植株滿滿都是花朵。開花之後會變得偏白。散發著濃郁果香。　黑 寒 盆 庭 四季 強香

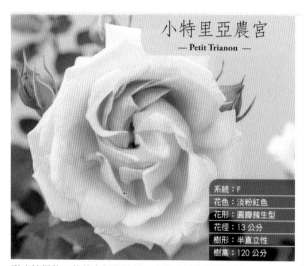

小特里亞農宮
— Petit Trianon —

系統	F
花色	淡粉紅色
花形	圓瓣簇生型
花徑	13 公分
樹形	半直立性
樹高	120 公分

耐病性很強，花莖少刺的品種。晚秋時若能將開過花的枝條修剪掉，之後的花會開得更好。 黑 白 熱 寒 陰 盆 庭 四季 微香

歷史
— History —

系統	HT
花色	粉紅色
花形	簇生型
花徑	10 ～ 12 公分
樹形	橫張性
樹高	120 公分

圓滾滾的花形是其特徵。開花性良好，但是在植株長得夠強健充實之前，栽培管理上要控制其開花的數量。 熱 寒 盆 庭 四季 微香

紅心 A
— Herz Ass —

系統	HT
花色	深紅色
花形	半劍瓣高心型
花徑	9 ～ 11 公分
樹形	直立性
樹高	100 公分

花瓣質地堅挺，開花時間持久。刺稍微比較少的品種。其花名是義大利文裡「撲克牌的紅心 A」的意思。 熱 寒 盆 庭 四季 微香

冰山
— Iceberg —

系統	F
花色	純白
花形	半重瓣型
花徑	7 ～ 8 公分
樹形	半橫張性
樹高	100 公分
得獎	WFRS

不容易萌生新梢更新枝條的品種，所以修剪時要適度保留老枝。花莖少刺的人氣品種。 熱 寒 盆 庭 四季 微香

藍寶石
— Blue Bajou —

系統	F
花色	藤色
花形	圓瓣型
花徑	7 ～ 8 公分
樹形	橫張性
樹高	120 ～ 150 公分

花莖少刺，擁有中輪豐花系列裡罕見的夢幻藤色。不太耐寒的人氣品種。 熱 盆 庭 四季 微香

瑞伯特爾
— Raubritter —

系統	S
花色	深粉紅色
花形	圓瓣杯型
花徑	4 ～ 5 公分
樹形	半橫張性
樹高	100 公分

即使長期不換盆，依然能持續開花。稍不耐暑熱，在寒冷地區枝條比較容易延伸。修剪時要保留較多枝條。 寒 盆 庭 一季 微香

甜蜜花束
— Honey Bouquet —

系統：F
花色：淡杏色
花形：半劍瓣環抱型
花徑：10 公分
樹形：半直立性
樹高：90 ～ 100 公分

原本是淡杏色，但有時會因為氣候的變化而開出亮黃色的花朵。
香氣迷人，花莖柔軟。
熱 寒 盆 庭 四季 中香

法國花園
— Jardins de France —

系統：F
花色：鮭魚粉紅
花形：半劍瓣平開型
花徑：5 ～ 6 公分
樹形：半直立性
樹高：90 ～ 110 公分
得獎：BAGATELLE 等獎

一隻花莖上 8 ～ 15 朵花成簇綻開，一次就會開很多花。刺略少，
花莖長，適宜作為切花的品種。
熱 寒 盆 四季 中香

若望保祿二世
— Pope John Paul II —

系統：HT
花色：白色
花形：半劍瓣高心型
花徑：12 ～ 13 公分
樹形：直立性
樹高：150 公分
得獎：澳大利亞國立
玫瑰試驗金牌獎

花瓣不容易長斑點，抗病性很強。成長快速，而且非常耐暑熱。
香氣清新宜人。
黑 白 熱 盆 庭 四季 強香

黑火山
— Lavaglut —

系統：F
花色：絲絨紅
花形：圓瓣型
花徑：6 ～ 7 公分
樹形：半橫張性
樹高：100 ～ 120 公分

稍微晚開花的品種，花瓣厚實，適合用來製作乾燥花。耐病性和
耐寒性都很強。
熱 寒 陰 盆 庭 四季 微香

粉色漂流
— Pink Drift —

系統：Min
花色：白～粉紅
花形：單瓣型
花徑：3 ～ 4 公分
樹形：橫張性
樹高：40 ～ 60 公分
得獎：BAGATELLE

長成之後，枝條會下垂呈彎弓狀，並持續不斷地開花。體質強健，
即使在陽台也很容易栽種。
黑 白 熱 寒 盆 庭 四季 微香

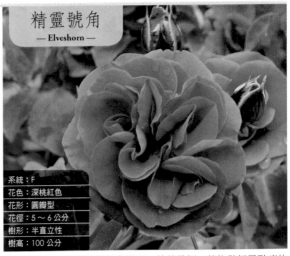

精靈號角
— Elveshorn —

系統：F
花色：深桃紅色
花形：圓瓣型
花徑：5 ～ 6 公分
樹形：半直立性
樹高：100 公分

晚開花品種，秋季時花色會變深。花莖柔細。若能做好黑點病的
防治，能讓秋天開花狀況變好。
熱 寒 盆 庭 四季 微香

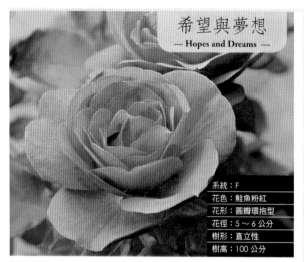

希望與夢想
— Hopes and Dreams —

系統：F
花色：鮮魚粉紅
花形：圓瓣環抱型
花徑：5～6公分
樹形：直立性
樹高：100公分

樹形低矮，枝繁葉茂，一隻花莖會開很多花，屬於耐病性強的健康品種。花期長而耐久。 黑 白 熱 寒 盆庭 四季 微薔

迪士尼樂園玫瑰
— Disneyland Rose —

系統：F
花色：橘色到粉紅色
花形：半劍瓣型
花徑：8公分
樹形：橫張性
樹高：100公分

橘色裡夾雜著粉紅色，十分耀眼的花色。一隻花莖上3～10朵花成簇開放，整株繁花茂盛。要特別留意黑點病。 盆庭 四季 微薔

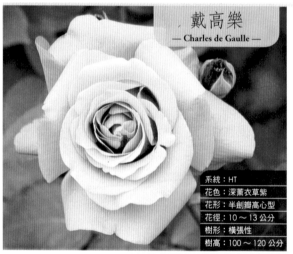

戴高樂
— Charles de Gaulle —

系統：HT
花色：深薰衣草紫
花形：半劍瓣高心型
花徑：10～13公分
樹形：橫張性
樹高：100～120公分

花莖刺少的品種，融合了大馬士革系列、現代玫瑰系列和茶香系列的濃郁香氣。植株變老時，萌發新梢的機率會減少。 盆庭 強香

光輝
— Kagayaki —

系統：HT，
花色：紅色，
　　　瓣背為黃色
花形：半劍瓣高心型
花徑：8～10公分
樹形：直立性
樹高：120～150公分
得獎：HAGUE

大輪玫瑰系列裡較小型的早開花品種。花瓣的瓣背為黃色，恰如其名般綻放光輝耀眼的色彩。 熱 盆庭 四季 微薔

烏拉拉
— Urara —

系統：F
花色：鮮粉紅色
花形：圓瓣型
花徑：8～10公分
樹形：半橫張性
樹高：50～90公分
得獎：JRC

開花性極佳，會一直持續開花到秋天。非常適合新手種植的強健品種。 黑 白 熱 寒 盆庭 四季 微薔

浪漫寶貝
— Baby Romantica —

系統：F
花色：橘粉色
花形：圓瓣簇生型
花徑：5～6公分
樹形：直立性
樹高：100～120公分

植株的樹形漂亮整齊。做為切花使用，持久耐放，所以適合做為花束或花籃的花材。 熱 寒 盆庭 四季 微薔

熱情
— Netsujo —

系統：HT
花色：赤紅色
花形：劍瓣高心型
花徑：11～12公分
樹形：直立性
樹高：120～150公分
得獎：JRC

花形漂亮，適合參加競賽展覽的強健品種，會長成大型植株。作成切花也很耐久。

熱 寒 盆 庭 四季 微香

米拉瑪麗
— Miramare —

系統：HT
花色：黃色帶紅色覆輪
花形：劍瓣高心型～簇生型
花徑：12公分
樹形：直立性
樹高：100～150公分
得獎：GIFU / JRC

會因為氣候或植株狀況的差異，而有黃色、紅色、粉紅色等複雜的顏色變化。稍微晚開花、體質強健的品種。

熱 寒 庭 四季 中香

佩特奧斯汀
— Pat Austin —

系統：ER
花色：亮橙色
花形：杯型
花徑：7～8公分
樹形：半直立性
樹高：110～140公分

英國玫瑰當中，樹形比較小巧密集的品種。散發著清新宜人的茶香。

盆 庭 四季 強香

克莉斯汀·迪奧
— Christian Dior —

系統：HT
花色：亮紅色
花形：劍瓣高心型
花徑：10～15公分
樹形：直立性
樹高：150～180公分
得獎：AARS

雍容華貴加上花期長而耐久，因而成為人氣品種。不耐白粉病，所以初夏和秋天時要特別留心注意。

熱 寒 陰 庭 四季 微香

柴可夫斯基
— Tchaikovski —

系統：HT
花色：乳白色，中心為淡黃色
花形：半劍瓣簇生型
花徑：10～12公分
樹形：半直立性
樹高：150公分

散發著古典風格的氣息，花朵經常群集成簇綻放，即使到了秋天，仍能維持良好的開花狀況。樹勢非常強健。

庭 四季 微香

達文西
— Leonard da Vinci —

系統：	CL / S
花色：	深玫粉紅
花形：	四分簇生型
花徑：	8～10 公分
樹形：	蔓性
樹高：	150～200 公分
得獎：	MONZA

花瓣堅韌強健，耐病性亦強。要培育成樹型玫瑰或是蔓性玫瑰皆可，栽種培育方式很多樣化。 熱 寒 盆庭 直棚 微簧

卡爾普羅波格月季
— Karl Ploberger —

系統：	F
花色：	檸檬黃
花形：	圓瓣杯型
花徑：	12～13 公分
樹形：	直立性
樹高：	120～150 公分
得獎：	ADR/JRC 等獎項

具耐病性，枝條很容易生長延伸，因此亦可以將之培育成蔓性玫瑰般的樹形。香氣愉悅迷人。 黑 白 庭 四季 中香

赫爾穆特・科爾
— Helmut Kohl Rose —

系統：	HT
花色：	紅色
花形：	四分簇生型
花徑：	15～18 公分
樹形：	直立性
樹高：	100～120 公分

花托結實且花瓣厚實的大輪玫瑰，很耐雨淋。強健品種，很適合作為切花。 黑 白 熱 寒 陰 盆庭 四季 微簧

綠光
— Ryokko —

系統：	F
花色：	白色到綠白色
花形：	平開型
花徑：	5～6 公分
樹形：	半橫張性
樹高：	90～120 公分
得獎：	BADEN

白中透著微綠的稀有花色，花莖少刺的強健品種。生命力旺盛，花期長而耐久。 熱 寒 盆庭 四季 微簧

桃香
— Momoka —

系統：	HT
花色：	粉紅色
花形：	半劍瓣高心型
花徑：	12～13 公分
樹形：	半直立性
樹高：	120～150 公分
得獎：	ECHIGO

大輪花朵華麗耀眼，即使遭受雨淋，仍能持續不斷開花。不耐白粉病。散發著一股茶香。 熱 寒 庭 四季 強香

摩納哥公爵
— Jubil'e du Prince de Monaco —

系統：	F
花色：	白色到鮮紅色
花形：	劍瓣平開型
花徑：	10 公分
樹形：	半橫張性
樹高：	80 公分
得獎：	AARS 等獎項

隨著開花時間越久，白色花瓣會轉變成鮮紅色，風姿華貴的美麗品種。其花色象徵著納摩哥公園的國旗。 熱 寒 盆庭 四季 微簧

推薦的迷你玫瑰品種

樹形栽培方式多樣化

比一般的玫瑰更需要注意通風

據說迷你玫瑰的始祖是利用中國的「香粉月季 (*Rosa chinensis minima*)」交配而生的袖珍型玫瑰。

如今，雖然其與普通玫瑰的分界線變得有點模糊不清，但大多數，依據品種育成者的發表，將樹形嬌小，花朵和葉子小巧可愛的品種，稱之為迷你玫瑰。

樹形或花朵雖然嬌小，但是為了維持其健康的狀態，開出美麗花朵，跟其它的玫瑰一樣，平常的栽培管理還是很重要的。不管是庭園栽種或盆植栽種的種植方式，基本上都跟普通的玫瑰一樣。冬季以外的時期，在進行盆苗的移植時，請注意不要破壞根團。病蟲害方面，請特別注意黑點病和葉蟎。要避免密植，並種植在通風良好的場所，盆植栽種也需在通風良好之處進行管理。

迷你玫瑰的樹形和樹形栽培方式

迷你玫瑰包含蔓性和半蔓性 (灌木型、迷你灌木) 等等各式各樣的類型。最近，也有人將與中輪豐花系統交配所培育出來，外形稍大的迷你玫瑰，稱為「庭院型玫瑰」。

有關玫瑰的樹形 ➡ P24
有關玫瑰的造型應用 ➡ P48

▼ 將插穗嫁接在伸長的砧木上部，培養成標準型樹玫瑰模樣的粉紅母親節 (Pink Mother's day)

◀ 將蔓性品種誘引在網格花架上的樹形栽培方式

培養成盆栽型式的和子女士 (Mrs.Kazuko)

矮叢型的咖啡喝采 (Coffee Ovation)

推薦的迷你玫瑰品種

矮仙女 09(Zwergenfee'09)

4cm　半橫張性　40~50cm

特徵 重瓣，數朵花聚集成簇開花。極耐黑點病和葉蟎，耐寒性亦佳。盆植栽種或庭園栽種都適宜。

卡琳特 (Caliente)

5~6cm　半橫張性　50cm

特徵 劍瓣高心型，數朵花聚集成簇開花。盆植栽種或庭園栽種都適宜。花色是帶有天鵝絨光澤的紅色。

第一印象 (First Impression)

5cm　半直立性　80cm

特徵 樹形整齊，枝葉繁茂。很耐黑點病，種植容易。香氣亦很迷人。花色是鮮黃色。

滿大人 (Mandarin)

4cm　半直立性　30cm

特徵 花量多且開花持久，稍微不耐黑點病。橘色和黃色的花色，在夏季時會呈現出透明感。

甜蜜戴安娜 (Sweet Diana)

8~9cm　半直立性　30~50cm

特徵 一莖一花的庭院型玫瑰。種植容易，稍微不耐白粉病。很少發生褪色情況的黃色玫瑰。

咖啡喝采 (Coffee Ovation)

5cm　直立性　30~40cm

特徵 杯型。雖然是深茶色，但夏天會轉成朱紅色。開花時期，放在半日陰處的花色會比放在陽光直射處漂亮。

泰迪熊 (Teddy Bear)

3~4cm　半直立性　30~50cm

特徵 發育旺盛，能長成樹形整齊密集的植株。沉穩優雅的赤褐色，會隨著開花時間越久，呈現出粉紅色。

 Q 想將迷你玫瑰用於混栽，可否提供相關建議？

A 　在進行混栽時，要特別注意黑點病和葉蟎。因為容易造成感染葉蟎、黑點病或是通風不良的問題，所以植株之間要間隔適度的距離，避免密植。跟其它的草花或低矮灌木一起種植時，建議選擇栽培管理方式跟玫瑰相同的種類。例如禾本科植物這種沒有相同病害問題的種類，栽種起來會比較容易。

適合搭配玫瑰栽種的草花

能夠襯托玫瑰

適合與玫瑰一起種植的草花，必須要不會搶走玫瑰的肥料，妨礙其成長，同時也不容易感染跟玫瑰相同的病害和蟲害。若是開花時間和玫瑰不同的草花，在玫瑰開花少的時候，仍然有美麗的花可賞。

點綴玫瑰植株基部的草花

對植株下部不容易開花的玫瑰而言，
在其底部種一些草花，
能增添其繁花茂盛的美麗風姿。

03 矮牽牛 *Petunia*

不耐高溫多濕，所以要在梅雨季節開始前從植株基部開始將花莖剪短，夏天時會重新長新枝，開花也會比較持久。

- 科名：茄科
- 形態：一年或多年生草本
- 種·植：全年
- 開花：全年
- 高度：10～30公分

04 香堇菜 *Viola*

雖是三色堇的小型種，但是比三色堇強健，而且開花性更好。喜好日照充足的場所。

- 科名：堇菜科
- 形態：一年生草本
- 種·植：11～12月
- 開花：11～4月
- 高度：10～20公分

01 細香蔥 *Allium schoenoprasum*

可以當作蔬菜食用的一種草本植物。體質強健，喜好日照良好的場所，耐乾燥的能力也很強。

- 科名：蔥科（百合科）
- 形態：多年生草本
- 種·植：2～4月、9～11月（種）
- 開花：3～5月
- 高度：20～30公分

05 葡萄風信子 *Muscari*

喜好日照良好的場所。開花後，不要切除還呈現綠色的葉子，會有助於光合作用的進行。

- 科名：天門冬科（百合科）
- 形態：多年生草本
- 種·植：11～12月（球根）
- 開花：12～2月
- 高度：10～30公分

02 粉蝶花 *Nemophila menziesii*

秋天播種的一年生草本植物，在寒冷地區則需在春天播種。要經常修剪過多的莖枝，以保持通風的良好。

- 科名：紫草科（田亞麻科）
- 形態：一年生草本
- 種·植：11～12月
- 開花：1～3月
- 高度：10～30公分
- 註 台灣僅適合種植在高山

※科名是根據 APG 分類系統，（）內的則是 Cronquist 系統。 ※種·植＝播種·種植
註 開花與種·植月份已調整為台灣栽培環境的情況。

白蕾絲花
Orlaya grandiflora

本來是多年生草本植物，但是不耐日本的暑熱，夏季時會有枯萎的情況發生。喜歡向陽處至半日陰處。

科名：繖形科
形態：一年生草本
種・植：11〜2月
高度：50〜70公分
開花：3〜5月

註：台灣僅適合種植在高山

百里香
Thymu

雖然耐寒性強，但是不耐高溫多濕，所以梅雨季節來臨前，最好將植株修剪一半左右會比較好。夏天時最好種植在半日陰處。

科名：唇形科
形態：多年生草本
種・植：11〜2月
高度：15〜30公分
開花：3〜5月

玉簪花
Hosta

頗有人氣的彩葉植物。喜好半日處至日陰處的環境。不耐強烈的日照，需保持土壤的排水良好。

科名：天門冬科（百合科）
形態：多年生草本
種・植：4〜5月、10〜11月（苗）
高度：15〜150公分
開花：6〜9月

攀根（珊瑚鐘）
Heuchera

很受歡迎的一種彩葉植物。喜歡日照，但是不耐高溫，所以適合種在明亮的半日陰處。

科名：虎耳草科
形態：多年生草本
種・植：10〜2月
高度：20〜50公分
開花：3〜5月

綿棗兒
Scilla

喜歡稍微乾燥一點的地方，在半日陰處亦能生長。從夏季至秋季是休眠期，所以要控制給水量。

科名：天門冬科（百合科）
形態：多年生草本
種・植：10〜12月（球根）
高度：5〜80公分
開花：2〜4月

蕾絲花
Ammi majus

雖然是多年生草本植物，但因不耐暑熱，到了夏季會枯萎，所以被視為一年生草本。不喜過濕，因此要控制澆水量。

科名：繖形科
形態：一年生草本
種・植：10〜1月（種）
高度：100〜200公分
開花：3〜6月

百子蘭
Agapanthus

日照良好的場所到半日陰處都能生長良好。開花後將花莖剪短，讓植株休養，下一年還會再開花。

科名：百子蘭亞科（百合科）
形態：多年生草本
種・植：全年
高度：70〜150公分
開花：5〜9月

泡盛花
Astilbe

日照良好的場所到半日陰處都適合種植。冬季時把地面上的部分剪掉的話，春季時會萌生新芽。

科名：虎耳草科
形態：多年生草本
種・植：11〜2月（苗）
高度：30〜80公分
開花：12〜3月

06 羅勒
Ocimum basilcum

喜歡日照良好的環境。長到 20～30 公分時建議進行摘心，可以促使植株多發分枝。

● 科名：唇形科
● 形態：一年生草本
● 種・植：3～10月（種）
● 高度：60～70公分
● 開花：全年

03 紫錐花
Echinacea purpurea

少病害，體質強健，耐暑性和耐寒性皆強。冬季時地面上的部分會枯萎，但是春季時會萌生新芽。要避免密植。

● 科名：菊科
● 形態：多年生草本
● 種・植：1～3月
● 高度：80～100公分
● 開花：5～7月

07 小葉鼠尾草
Salvia microphylla

喜歡日照充足、排水良好的環境。夏季高溫時，植株下部的葉子會有乾枯現象，最好要進行更新修剪。

● 科名：唇形科
● 形態：常綠灌木
● 種・植：全年
● 高度：50～150公分
● 開花：4～11月

04 西洋樓斗菜
Aquilegia

喜好通風良好的明亮日陰處。在寒冷地區，冬季時可用稻草之類的東西覆蓋，以防止根部凍結。

● 科名：毛茛科
● 形態：多年生草本
● 種・植：9～11月（種）／12月（苗）
● 高度：30～70公分
● 開花：12～4月

01 柳穿魚
Linaria

5月開完花後，將植株剪短，可以再度開花。若日照不足，容易有徒長現象。

● 科名：車前科（玄參科）
● 高度：30～80公分
● 開花：12～4月
● 形態：一年生草本
● 種・植：10～1月（種）

08 花菱草
Eschscholzia californica

耐寒性強，但是不耐高濕。本來是多年生草本植物，但梅雨季時常發生枯萎現象，所以被當做一年生草本植物。喜歡向陽處。

● 科名：罌粟科
● 形態：一年生草本
● 種・植：3～4月、9月中旬～10月（種）
● 高度：30～60公分
● 開花：5～7月

05 綿毛水蘇
Stachys byzantine

耐寒性強，但是不耐高溫多濕，夏季最好置於半日陰處。喜歡有點乾燥的環境。

● 科名：唇形科
● 形態：多年生草本
● 種・植：4月、9月（種）
● 高度：30～60公分
● 開花：3～5月

02 穗花婆婆納
Veronica

耐暑性和耐寒性皆佳，喜歡日照充足、排水良好的場所。為了翌年能長新芽，要進行更新修剪。

● 科名：車前科（玄參科）
● 形態：多年生草本或一年生草本
● 種・植：10月下旬～1月（種）
● 高度：10～100公分
● 開花：3～5月

15 毛地黃
Digitalis purpurea

喜好涼爽的地方，所以夏季時最好種在通風良好的場所。開完花之後要將花穗修剪摘除。

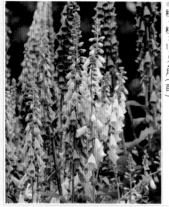

- 科名：車前科（玄參科）
- 形態：多年生草本
- 種・植：12～2月（苗）
- 開花：12～5月
- 高度：40～160公分

12 鬱金香
Tuilipa

喜歡日照良好的場所。開花後宜盡早剪掉花莖，6月～7月若葉子枯死，要將球根掘出。

- 科名：百合科
- 形態：多年生草本
- 種・植：11～2月（球根）
- 開花：2～3月
- 高度：30～60公分

09 藍菊
Felicia amelloides

不喜高溫多濕，所以要在日照良好的場所進行管理。梅雨季或盛夏時期，最好移到屋簷下比較好。

- 科名：菊科
- 形態：常綠灌木
- 種・植：11～2月（苗）
- 開花：12～4月
- 高度：20～60公分

16 萬壽菊
Tagetes erecta

是萬壽菊屬裡面，花較大朵的品種，能防止玫瑰感染線蟲。喜好日照。

- 科名：菊科
- 形態：一年生草本
- 種・植：2～9月
- 開花：4～12月
- 高度：30～120公分

13 金魚草
Antirrhinum majus

喜歡日照，不喜過度潮濕的場所。枯萎的花若能盡早摘除，就能讓花穗的尾端都能開花。

- 科名：車前科（玄參科）
- 形態：多年生草本
- 種・植：11～2月
- 開花：12～4月
- 高度：20～80公分

10 麥仙翁
Agrostemma githago

喜歡日照充足、排水良好的場所。只需少許肥料，給水時要對著植株基部澆水。

- 科名：石竹科
- 形態：一年生草本
- 種・植：9～10月（種）
- 開花：5～7月
- 高度：60～100公分

17 林地鼠尾草
Salvia nemorosa 'Sensation'

植株會橫向擴展至40公分寬左右。耐寒性及耐暑性皆強。夏季開完花之後最好進行修剪作業。

- 科名：唇形科
- 形態：多年生草本
- 種・植：9～10月
- 開花：12～4月
- 高度：30～40公分

14 釣鐘柳
Penstemon

不耐潮濕悶熱，所以需保持通風及排水良好。花莖上面會有長霉菌的情形發生，所以要經常進行摘除修剪。

- 科名：車前科（玄參科）
- 形態：多年生或一年生草本
- 種・植：10～11月
- 開花：12～4月
- 高度：30～80公分

11 薰衣草
Lavandula

這個屬裡有很多耐寒性強，但耐暑性差的品種。在滿開前將花穗剪掉，會比較容易越夏。

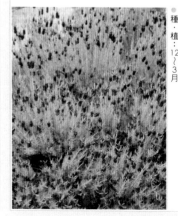

- 科名：唇形科
- 形態：常綠灌木
- 種・植：12～3月
- 開花：12～3月
- 高度：30～100公分

園藝用品

Garden items

讓蔓性玫瑰或灌木玫瑰有地方攀爬，營造庭院立體感的裝飾物。能插進土裡的花架必須要能穩固站立不易傾倒。

網格花架

可讓枝條進行平面攀附的花架，可以沿著壁面排列，或是做為區域的隔間，亦或是與馬路之間的圍牆。希望枝條橫向延伸，可選縱向支柱較多的花架；希望枝條縱向延伸，則可選橫向支柱較多的。

半圓狀的花架，遇到灌木性質的玫瑰，也能提供包覆性的支撐。把兩個花架相向合併使用，就形成圓筒狀的支柱。

將平面狀的花架和半圓形花架連結，可以當圍籬使用。不連結，個別使用也可以。

上面的部分比較寬廣，呈現扇形的花架，用來誘引半蔓性玫瑰也很容易的類型。若要用在盆栽上，請使用稍微比較重的盆器會比較穩固。

錐形花架

可讓枝條攀附的圓筒狀花架。因為是順著錐形花架的外形誘引玫瑰，視置放的場所能讓人從各個方向觀賞玫瑰。由於是縱長型的，所以狹窄空間也適合使用。

圓筒狀錐形花架若要用於盆栽，玫瑰要種於盆器的中心，將枝條誘引至花架的外側，纏繞攀附其上。照片裡的花架經過三層塗裝處理，防鏽性相當強，請依據空間選擇合適的尺寸。

拱門

上部為曲線造型，利用枝條的誘引，可以創造出玫瑰隧道。放在庭院的入口或是小徑的途中，具有動線引導的效果。

一般的拱門，其底部大多能插進土裡。照片裡的拱門經過三層塗裝處理，所以即使長期置放於庭院裡，也不容易生鏽。

這種拱門的底部是用盆栽支撐固定，所以除了庭院之外，也能放在陽台。

若是寬廣的庭院，放一張長椅一定很棒。用玫瑰拱門來裝飾長椅。

四季開花性和重複開花性是一樣的嗎？

玫瑰當中，筍芽(新梢)一定會開花的品種被稱為四季開花性；筍芽不開花，但是在枝條前端或中段不定期開花的品種則稱為重複開花性。重複開花性，與因病蟲害導致葉片掉落後再開花的現象是兩回事。

四季開花性的玫瑰，若進行開花後修剪，之後還會長出花莖，開出花朵。基本上，具有一整年重複開花的特性。但因為玫瑰在氣溫下降時會休眠，因此在日本關東地區是在5～11月開花（寒冬時休眠），實際上開花時期還是有特定時間的。而重複開花性的玫瑰，經過開花後修剪則不一定會再開花。5～6月開完花之後，到秋天為止會不定期開花。除了這兩種類型，還有只在春季時期開花的一季開花性的品種。

利用通販型錄訂購的玫瑰花色和外形跟型錄為何會有差異？

不是只有玫瑰，所有植物都會因為開花場所的土壤、氣候等條件不同，或是栽培管理的方式、植株的成熟度等因素，而導致花色或外形有些微的差異。紅色的玫瑰，光是一根枝條上，就可能會因為突然變異的枝條變異，而導致開出粉紅色或朱紅色等不同花色的情況。即使是同個品種，開花的樣子也不一定跟型錄一樣，也有可能是沒有適當的照料所致，若真的在意，可以向店家詢問請教。很少見的情況是，送來的跟訂購的不是同個品種。有時會因為寄送等等人為作業疏失而導致錯誤。

永恆藍調 (Perennial Blue)

想讓高度1公尺左右的圍籬覆滿盛開的蔓性玫瑰，哪個品種比較合適？

蔓性玫瑰的延伸力(筍芽1年的延伸長度，還有從冬季修剪的位置開始算起，枝條延伸的長度)，會因品種不同而有差異。其中有些本來就屬樹形低矮的品種，而有延伸力的品種，若枝條纖細柔軟，可利用誘引使其整體高度維持在1公尺內。「永久腮紅(Perennial Blush)」、「永恆藍調(Perennial Blue)」、「超級埃克塞爾薩(Super Excelsa)」等等品種因為枝條細軟，能橫向生長延伸，會比較容易維持低矮的樹形。希望玫瑰能橫向攀爬延伸得很長，把住家四周包圍起來如同樹圍籬一樣的話，建議可種枝條細軟能延伸得很長的「阿貝‧巴比爾(Albéric Barbier)」。

除此之外，做為修景玫瑰販售，具四季開花性的小型品種也是不錯的選擇。

我住在多雨地區，
請告訴我比較容易栽種的品種。

要避免容易感染黑點病、鏽病、露菌病的品種。「波麗露 (Bolero)」、「我的花園 (My Garden)」等等屬於耐病性強的品種。另外，在選擇品種的同時，做好地面的排水工作也是很重要的。黏土質的土或粒子過細的土，可加入完熟堆肥、腐葉土、泥炭土等等有機物，進行土壤改良。地下水水位高、排水差的庭院，可利用墊高地勢的方式補救 (➡ P106)。

波麗露 (Bolero)

我的花園 (My Garden)

即使是同個品種，
卻有「嫁接苗」和「扦插苗」的差別。
這兩者有何不同之處嗎？

嫁接苗是將玫瑰的芽 (接穗) 嫁接到別的玫瑰 (砧木) 上所培育出來的苗 (➡ P122)。扦插苗是將玫瑰枝條的一部分插進土裡，使其發根的苗 (➡ P118)。日本市售的苗以嫁接苗居多，但也有賣扦插苗的店。註台灣則以扦插苗為主。

在日本生產的嫁接苗，一般是用「野薔薇」做為砧木。野薔薇是日本的原生種，藉助它的根部發育生長的嫁接苗，會比較能夠適應日本的氣候和環境，初期的成長會比較好。

另一方面，扦插苗是靠自己發根之後才開始生長，所以初期的成長相較於嫁接苗會比較不好。但是，若能健康順利地發根成活，之後大多數都能順利成長。

聽說蔓性玫瑰若橫向蜿蜒生長的話，
花會開得很好，
但是沒有寬廣的橫向空間怎麼辦？

以前經常會聽到「蔓性玫瑰若不讓它橫向生長，開花狀況會很不好」的說法。但是現在已經有利用垂直縱向支持物讓它攀附延伸，雖沒橫向生長，但依然會開花的品種。遇到寬幅狹窄的圍籬或是像支柱這類往上延伸的物品，可以使用上述這樣的品種。深度不夠的拱門也建議使用這類品種。

另外，若要讓玫瑰沿著拱門攀爬，可以選擇從地面附近就會開花的品種，這樣能讓整個拱門都能呈現華麗感。「藍雨 (Rainy Blue)」、「夏日回憶 (Summer Memories)」、「索妮亞娃娃 (Sonia Doll)」、「安琪拉 (Angela)」等等就屬於枝條即使沒往橫向生長，但從地面附近就能開很多花的品種。選擇蔓性玫瑰時必須考量並配合其攀附生長的場所。

玫瑰相關的各式競賽

有看過「進入榮譽殿堂」這樣的標籤嗎？這象徵著這個品種的玫瑰因廣受世人喜愛，對玫瑰的發展有卓越的貢獻，而受到表揚。是由世界玫瑰協會聯盟 (WFRS)，在每三年舉辦一次的世界大會上投票選拔出來的。

玫瑰每年都有很多新品種誕生，這些新問市做玫瑰，會經過在各國舉辦的各式各樣競賽做審查，並進行表揚。世界玫瑰協會聯盟所認定的競賽特別具有權威性，在全世界 25 個地方舉行。

這類競賽的共通點是，不單只是評判花是否美麗，還會進行為期 2、3 年的試種，就其性質、特徵等等屬性，做為審查評分的依據，從中選出優秀的品種進行表揚。

另外，還有知名的英國皇家玫瑰協會（The Royal National Rose Society）所舉辦的競賽，除了以 3 年的栽培成績做為授與獎賞的依據，在選拔時也很重視種在庭院時所表現出的美感。其它的競賽都有其重視的評量項目。了解不同競賽的特性，可做為選擇玫瑰品種的參考依據。

在日本舉辦的競賽，有由日本玫瑰協會所舉辦的「日本國際玫瑰新品種競賽 (JRC)」；在歧阜縣可兒市的花節紀念公園 (花フェスタ記念公園) 舉辦的歧阜國際玫瑰競賽 (GIFU)；在新潟縣長岡市的國營越後丘陵公園舉辦的「國際芬香新品種玫瑰大賽（ECHIGO）」等等。

在日本玫瑰協會舉辦的競賽上展出的玫瑰，會在東京調布市的神代植物公園裡試種，讓來園參觀的民眾也能欣賞玫瑰花。若想知道有哪些新世代的玫瑰問市，不妨造訪一下競賽會場，應該頗有樂趣。

世界主要的玫瑰競賽

全美玫瑰品種選拔大賽
簡稱 AARS　舉辦地點 美國
在美國國內的官方玫瑰試驗場進行 2 年的栽培試驗，以成長力、耐病性、樹形等等做為評分項目。近年特別重視耐病性。

德國國際玫瑰競賽
簡稱 ADR　舉辦地點 德國
在德國 12 個地方進行 3 年的栽培試驗，選拔出優秀的玫瑰。特別重視耐病性、耐寒性。

德國巴登巴登國際玫瑰競賽
簡稱 BADEN- BADEN　舉辦地點 巴登巴登 (德國)
展出的玫瑰數量是世界第 2。在巴登巴登玫瑰花園裡的 Beutig 新品種試驗玫瑰園進行栽培試驗。

法國巴蓋特爾國際玫瑰競賽
簡稱 BAGATELLE　舉辦地點 巴黎 (法國)
1907 年世界第一個創設的國際新品種競賽。報名參選的品種是世界第 1。最具權威的玫瑰競賽之一。在巴黎郊外的巴蓋特爾公園歷經 2 年的試種和審查。

日內瓦國際新品種玫瑰大賽
簡稱 GENEVE　舉辦地點 日內瓦 (瑞士)
展出的玫瑰數量是世界第 3。在格蘭茲 (Parc La Grange) 公園進行 2 年試種，做為審查的依據。2009 年之後以有機農業方式栽培，耐病性也加入評比。

海牙國際大賽
簡稱 HARGE　舉辦地點 海牙 (荷蘭)
在海牙的維斯布魯克 (Westbrook) 公園進行試種。一般市民也能就展出的玫瑰，投票給自己喜歡的玫瑰。

羅馬國際玫瑰競賽
簡稱 ROME　舉辦地點 羅馬 (義大利)
在羅馬市營玫瑰園進行 1 年的試種和審查。審查員除了玫瑰專家，還有建築專家、造景專家、藝術家等等約 100 人參與。還有由兒童擔任審查員的「兒童審查部門」。

英國皇家玫瑰協會
簡稱 RNRS　舉辦地點 倫敦 (英國)
1876 年創立的英國皇家玫瑰協會所舉辦的競賽。在倫敦的官方試驗場接受為期 3 年的審查。除了成長力、習性、外形等等之外，還會依據種在庭院或公園時所呈現的美感做為評分基準。

米蘭爸爸 (Papa Meilland)
1988 年獲選進入殿堂

快舉 (Kaikyo)
2010 年榮獲 ROME 金牌獎

玫瑰苗的種植和繁殖方法

從幼苗至成株 玫瑰的生長週期

雖然會因品種或環境產生差異，但是一般而言，玫瑰從新苗、大苗種下去之後，要長至成株大約需要3～4年的時間。讓我們一起來了解從新苗到成株的生長過程吧！註台灣常販售的扦插幼苗亦適用。

幼苗時期的培育重點在植株不在花朵

玫瑰在幼苗時期和成株時期的管理方法是不一樣的。在幼苗時期，重點不在花是否開得漂亮，而應以培育出強健植株為首要目標。

尤其是新苗，在進行嫁接後，生長時日還很短，根部和枝條都尚未成熟，處於還很幼小的狀態。雖然可以讓它開花，但是開花會搶奪生長所需要的養分，反而妨礙了整棵植株的生長。因此，新苗在種下去之後，在春天至9月中旬左右的這段時間，要進行花蕾或新芽的摘除作業（→P132），以限制開花的數量，調整開花的狀況。

修剪方法（→P142）也要視植株生長的年數而改變。所以要先了解幼苗到成株的生長週期，才能用正確的方法照顧植株。

新苗的成長過程

▶ 將新苗的盆苗（左）移植到5寸盆裡（右）。該品種是婚禮鐘聲（Wedding Bells）。

新苗的換盆 →P94

新苗很多都是種在塑膠盆裡販售的。購入之後，建議盡早進行移植。

花蕾和新芽的摘除 →P132 P138

新苗換盆後要持續用手指摘除花蕾和新芽（所謂的軟摘心）。這樣的摘除作業是為了不讓其開花，以促進能進行光合作用的葉子增生。

▲ 看見花蕾就摘除。

◀ 換盆約2個月後的新苗。進行新芽的摘除作業之後，從植株下部長出新枝往上生長延伸。

▲ 新苗移植之後的 3 個月，從 5
寸盆移植到 7 寸盆。

夏季的換盆

↓

P99

夏季換盆時為了避免根部腐爛的現象，
要減少盆土裡有機物的含量。

▲ 固形肥料的投放位置，
最好要每個月一點一點
地挪動改變位置。

追肥

↓

P98

盆植因為是在空間受限的環境裡栽種，
所以每個月要施與追肥一次。（8月要
暫停施肥）註台灣栽培，追肥建議使用
液態肥，每周一次，或使用長效化學肥。

移植至庭園裡

↓

P108

夏季修剪好，預計採用
庭植的植株，可在 9 月時
移植至庭園裡。在這個時
候種下去，植株比較能順
利生根成活，等到來年的
春天就能開始快速成長。

▼ 庭園栽種最適合的時間是 9 月
中旬。用稻草等東西覆蓋植株
基部，可抑制地溫的上升和防
止長雜草，並可預防乾燥。註稻草會發熱，台灣栽培不建
議使用。

◆ 庭植植株的修剪

▲ 要移植至庭園的植株，在修剪枝條時，
下刀要在稍微高一點的位置，大概在高
度 100 公分左右的地方。

秋季的修剪

↓

P144

換過盆的新苗，對於要移植至庭園裡或是繼續
用盆器栽種的植株，修剪的高度是有差異的，要
特別注意哦！

◆ 盆植植株的修剪

▲ 盆植栽種的植株，為了保持株形的小
巧，要在高度約 60 公分的地方下刀。
進到開花時期時，花莖會伸長，植株會
變成約 100 公分高。

冬季的修剪

↓

P150

在進行冬季修剪的時候，因為還處於幼苗期，所以下刀處要在高一點的位置，以促進其生長。盆植栽種的植株通常希望維持樹形的低矮小巧，所以要比庭園栽種的植株剪得更矮。

庭園栽種

修剪前

盆植栽種

修剪前

修剪後

庭園栽種

盆植栽種

▶庭園栽種和盆植栽種的修剪方式是有差異的。庭園栽種要將植株剪短至剩下三分之一的高度，盆植栽種則是剩下三分之一的高度。庭園栽種的植株，因為通常會讓它長比較多的葉子，所以要留多一點細枝。

施肥方式

↓

P115

種在庭園的植株，在日本一年只需施一次寒肥就足夠了。堆肥或有機質肥料，會在土裡慢慢分解，到了春天，剛好能讓開始成長的玫瑰從根部吸收到養分。盆植栽種的追肥是從3月開始，跟第一年一樣，定期施加。註在台灣栽培，建議中修剪及強修剪之後，施放有機長效顆粒肥。追肥則可使用液肥。

◀ 在植株基部附近挖2個洞，把肥料、堆肥放進去，與土壤充分混合。

▲ 從新苗開始，已邁入第 2 年的植株。

◀ 長出新的筍
芽，順利的
成長中。反
覆進行摘心，
以促進枝條
充實。

芽的活動開始

秋天時在庭園裡種下的苗，在冬天來臨前生根成活。到了春天根部會開始伸展，並長出新芽，可以開始進行第一次的修剪。

◀ 開始長新芽，
表示根部開始
順利地伸展生
長。

種植第 2 年的植株

新苗種下之後邁入第 2 年的植株。花莖順利地生長，並結出花苞。第 2 年、第 3 年，必須限制開花的數量，所以要進行摘蕾作業，以俾有充足的養分供植株成長。筍芽也要盡早摘取，讓枝條能發育充實。

Point

成株的管理

長成成株後，平常就要進行筍芽的摘心，摘除腋芽以及開花後的修剪等栽培管理作業，以保持植株的最佳狀態（➡ Lesson4）。

不論是盆植或庭園栽種，修剪之後都需施肥，平時定期追肥，這是讓植株充實健壯的重要關鍵。

另外，成株的盆植栽種，冬季修剪要和盆栽的換土一起進行。雖然不需要每年都換土，但建議 2～3 年進行 1 次。用新土代替舊土，能提高土壤裡的空氣含量，能使植株更有活力元氣。

選擇合適的介質和盆器

享受盆植栽種的樂趣

種植盆栽玫瑰時，栽培介質和盆器之適當與否，將會影響到玫瑰的生長。所以要了解栽培介質和盆器的種類，並配合生長環境做選擇。

盆栽介質要視狀況調配

市面上販售供盆植栽種用的「玫瑰專用土」產品有很多，大部分都是用堆肥、肥料和腐葉土等等混合而成，但實際上，這類介質裡的養分含量過多，並不適合新苗、國外進口苗以及根的狀態不好的苗。市售的培養土，比較適合本身就長得很好的健康植株使用。

新苗若想使用市售培養土，小粒赤玉土的比例要增加20～30%。

栽培介質必須依據用途，例如能促進生長旺盛、能促進開花，或是適合幼苗和年輕植株，去改變比例和配方，這是選擇介質應有的基本概念。了解各種介質的特性（➡ P40）以及苗或植株的狀態，配合季節自己調配出合適的介質，這樣的做法會比使用市售培養土好。

盆植玫瑰的介質調配比例範例

基本的調配比例

夏季的調配比例

基本的調配

若是健康的苗，即使養分很多，根部也能確實吸收，因此可用堆肥去取代5%的泥炭土，剩餘部分也可增加珍珠石或赤玉土來取代。老株的盆栽，為了提升排水性，應減少泥炭土，增加珍珠石。

夏季的調配

夏季換盆時的介質調配。夏季因為悶熱潮濕，必須增加排水性。堆肥因為容易腐爛，所以不要加進去。

泥炭土的使用方式

市售泥炭土的纖維很細，疏水性強，若在乾燥的狀態下直接使用，澆水時可能會發生水流失掉的情況。使用前要先泡水一天，等土確實吸收水分之後再使用。

◀ 杏色漂流（Apricot Drift）

泥炭土 ▶

🌹 選擇盆器時要以功能性為考量

雖然園藝用的盆器，造型多樣豐富，但若要選擇適合栽種玫瑰的，我會建議不容易傾倒的圓筒型和水桶型的中深盆。材質也有很多種，像素燒盆器或駄溫鉢這類，因為土容易變乾，對於不耐乾燥的玫瑰來說，要特別注意。另外，若可能會移動到盆器，建議不要選太重的。

黑色的盆器容易吸熱，有助於春天的生長，但是若在夏天使用，盆內的溫度會上升，對玫瑰來說會變成嚴酷的生長環境。夏天時不只要選對盆器，盆器的遮光、移動至日陰處等等栽培管理工作也是很重要的。

視環境狀況，盆器的特性和玫瑰的狀態，調整用土也是有必要的。土不容易變乾的盆器，要減少赤玉土和泥炭土的含量，若排水過好，反而要增加這兩種土的含量。考量置放場所、澆水次數多寡等等因素，試試看各種盆器吧！

盆壁易吸水，通氣性佳的盆器，因為土容易變乾，對於不耐乾燥的玫瑰來說，要特別注意。另外，若可能會移動到盆器，建議不要選太重的。

盆器的尺寸和號數

在日本，會用「號數」去表示盆器的尺寸大小，例如「5號盆」。這是代表盆口的直徑，1號 = 約3公分（1寸），以此推類，5號盆的直徑約是15公分。因為以前的長度單位是「寸」、「尺」，所以「5號盆」也有人稱之為「5寸盆」；10號盆則被稱為「尺盆」。遇到外國製的進口盆器，會用cm（公分）來表示。

※ 土量是以一般素燒盆器的放入量為基準。可能會因盆器的形狀或深度而產生差異。

種類	直徑	土量
3寸盆	9cm	0.3ℓ
4寸盆	12cm	0.6ℓ
5寸盆	15cm	1.3ℓ
6寸盆	18cm	2.2ℓ
7寸盆	21cm	3.5ℓ
8寸盆	24cm	5.1ℓ
9寸盆	27cm	7.3ℓ
1尺盆	30cm	8.4ℓ

各種型式的盆器

盆體有縱向縫隙的盆器，水容易流掉，澆水時要特別注意。

推薦 塑膠盆

水桶型或圓筒型等不容易傾倒的縱長型盆器會比較適合用於玫瑰栽培。置放於陽台時，最好要選不容易破裂的材質。

合成樹脂盆

照片裡的這個盆器是聚丙烯（簡稱PP）材質。顏色和造型多樣豐富，讓挑選盆器也變成一種樂趣。

輕量耐久盆

材質是玻璃纖維，重量非常輕，適合移動搬運。

陶盆

保水性比較好，所以澆水時要注意不要過量。

素燒盆

很多進口盆器的底穴都很小，遇到這種情況，可以自己開洞。

在春天進行 新苗換盆

新苗的換盆

1 確認底土的高度

將盆底用的土放入盆器內，把盆苗放上去，確認底土的高度。原則上，盆苗內的土的高度應比器內側的線低2～3公分。拿苗時務必要拿在嫁接處以下的位置。

2 將苗從軟盆裡取出

若根團被破壞的話，會傷害到根部，所以在取出苗時，請不要讓根團散開。

應準備的東西

用軟盆栽種的新苗
（以婚禮鐘聲 Wedding Bells Ⓐ為例）

換盆用的 6 寸盆 Ⓑ

換盆介質

● 小粒赤玉土 / 70%
● 泥炭土 / 20%
● 珍珠石 / 5%
● 炭化稻殼 / 5%

MEMO 事先混合好。若幼苗健康有元氣，泥炭土的其中 5% 就用堆肥取代；5% 用珍珠石取代；10% 用小粒赤玉土取代。

用於盆器底部的大粒赤玉土

Point

將苗莖輕夾在指間，同時把整個軟盆上下翻轉，把軟盆往上拉，讓苗脫離軟盆。

🌹 在進行換盆作業時請不要破壞根團

新苗的換盆要在該地區的染井吉野櫻開花之後進行（註台灣冬～春季皆可換盆）。不要讓玫瑰苗的根部變得過度乾燥是重點，建議介質要事先混合好。除此之外，泥炭土含量過多的話，容易造成根部腐爛，因此所佔比例不要超過20%。

因為還在生長期，因此保持住苗的根團完整不受破壞是很重要的。

換盆之後，要置於日照良好的地方，見盆土表面變乾時大量澆水，上午的時間會比較合適。白天要保持住水分，直到第二天才變乾是最理想的狀態。視盆土乾燥的狀況，也有需要早上和中午都澆水兩次的情況。無法早上和中午都澆水的人，要更換成保水性佳或是較大的盆器，或是採取其它因應措施。

新苗在移植至盆器時不破壞其根團是重點。

還有一點很重要的是，要趁根部尚未變乾燥之前盡快完成換盆作業。最好先確認好換盆的步驟程序之後再進行作業。

註台灣販售的扦插苗換盆亦適用。

94

4 澆大量的水
慢慢地澆入大量的水，讓泥炭土吸收水分，澆至盆底有水流出為止。反覆澆水數次，直至流出的水沒有混濁感為止。

3 把苗置入盆器，填入盆土
將苗置放於盆器中央，將預先調配好的介質填入盆器，填至距離盆口 2 ～ 3 公分高的位置為止。

完成

換盆完成之後，放置在日照良好的場所，等盆土表面乾燥，再大量澆水。澆水時盡量避免淋到葉子。

Point

嫁接點務必要高於土壤表面。不需要舉起盆器上下輕敲搖動盆器。

換盆‧幼苗移植的澆水訣竅

把苗或植株移植至新盆之後，要澆大量的水。要澆至從盆部流出的水變得不混濁為止。從盆底流出的水不混濁，代表細碎的土已流乾淨。若澆得不徹底，盆底積了細碎的土，會造成排水性變差或其它問題。這是玫瑰在換盆或幼苗移植時的共通澆水技巧。

玫瑰專家鈴木的
秘藏知識分享

一開始就用太大的盆器會讓苗變得嬌生慣養

若是從軟盆裡的新苗開始種植玫瑰，一開始要先換到 5 ～ 6 寸盆。之後每次換盆時，最好挑比原盆大 2 寸的盆進行移植。

苗或植株從較小的空間移植到大盆之後，根部若無法將水分吸收完，盆內會經常處於過濕狀態，進而造成根部不需為了獲取水分而伸長。玫瑰會因為不需努力還是能得到水分，而變得嬌生慣養。

即使有水分，但根部若不延展，植株就無法順利生長，因此要視植株的狀態，在生長過程中選擇適當尺寸的盆器。

在秋天進行 大苗的種植

建議在秋天種植，讓根部在冬天來臨前生長延伸

大苗是從秋天開始到冬天這段期間在市面上流通。若種的是能耐冬寒的植株，建議在9月下旬～10月中種植，若遇到暖冬，可到11月中旬之前。

秋天種下去的大苗，在冬天來臨前，根部會延展生長，並萌發新芽。很重要的一點是，伸長的芽或是枝條到冬季修剪時期之前都不要剪掉。葉子也放任它自由生長。然

而，若有結花苞，就需要進行摘蕾。

種植用的盆器太小的話，盆土會容易乾燥，建議使用8寸大小的盆器。用苗盆種植的苗，若芽還沒生長，要將根團弄散後再種植。若是芽已經在生長的苗，代表新根正在生長延伸，因此跟處理新苗一樣，在種植時不要破壞根團。

大苗的種植

應準備的東西

大苗
(以荷勒太太 Frau Holle 為例)

種植用的 6 寸盆
MEMO　將大粒赤玉土放進去，量大約是能蓋住盆底的程度。

種植介質
● 小粒赤玉土 / 75%
● 泥炭土 / 15%
● 堆肥 / 5%
● 炭化稻殼 / 5%
MEMO　泥炭土要預先弄濕，然後將全部的土充分混合均勻。若沒有泥炭土，椰纖土、椰糠之類的用土也可以。

1　將介質填入，把苗種入

在填好大粒赤玉土的盆裡，填入混合好的介質，略為堆高如小山丘般。把苗的根部展開，蓋在小山丘上面，置放於盆器中央。

2　將剩餘的介質填入

不要把根舉起來，將苗穩穩拿住，一點一點地把介質填入盆內。

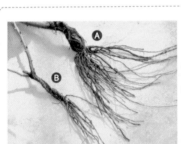

Ⓐ 是根部狀態良好的苗。
Ⓑ 是在挖掘時根被切斷，狀態不佳的苗。

根部狀態不佳時的種植要點

　　裸根的大苗因為看得見根部，請依據根部狀態，調整介質。若沒有赤玉土，可使用鹿沼土等手邊現有的土，原則上要使用乾淨的土。若根部狀態不佳，不要放堆肥或是腐葉土，因為裡面的有機物含有雜菌，可能會防礙根部的成長。可使用炭化稻殼和珍珠石以提升排水性。

● 根部狀態不佳時的建議介質：
　小粒赤玉土 75% / 泥炭土 5% / 炭化稻殼 10%
　珍珠石 10% / 沸石少許

在日本，大苗是9月下旬～3月左右在市面流通的苗。在照顧大苗時，注意不要讓根部乾燥。尤其若是裸根，要確實做好事前的準備，盡快完成種植作業。

[註] 台灣沒有販賣大苗這類植株。

3 把根的空隙填滿

用竹棒之類的東西插入土裡，有空隙的地方土就會流動，以便讓根部和土緊密結合、填滿空隙。

Point

根部附近特別容易有空隙，要插入竹棒將空隙填滿，但請小心不要傷到根。

4 修剪

修剪枝條時，下刀的位置約在植株基部往上 20～25 公分，距離芽上方 5mm 左右的地方。若剪得太短，枝條的養分變少，會無法萌發健康的芽。

| 1 個月後 | 2 月下旬完成幼苗移植後，經過 1 個月，在 3 月下旬時的植株模樣。左邊是狀態良好的苗，不斷地冒出新芽。 |

| 2 個月後 | 5 月上旬時的植株模樣。狀態良好的苗會長至 80～90 公分左右（照片左邊）。狀態不佳的苗，枝條乃會伸長，並長出很多葉子（照片右邊）。 |

Point

下刀的位置約在芽上方 5mm 處。

約 5mm

芽

5 大量澆水

澆水時要澆至水自盆底流出的程度（➡ P95），天氣好的時候，為了避免乾燥，要從枝條上方澆水。氣溫較低的時候，澆水時要避開枝條。

換盆後的管理 ❶ 追肥

追肥就是每個月施放一次固態的油粕。在日本關東地區，從 3 月開始施加追肥，若是寒冷地帶則要新芽開始活動之後，一直施加到 10 月左右。盛夏的 8 月要暫停施肥。新苗移植一個月後；大苗移植後冒出的新芽長到 1 公分以上之後，才開始施加追肥。

Point
固態肥料每次的施放位置要稍微移動。

追肥重點 1
施放在靠邊緣的盆土上，每次施放的位置要稍微移動。也可觀察枝條的狀態，在生長勢弱的枝條附近施放肥料。油粕在使用前要先用水弄濕。

註 台灣沒有油粕肥料，可改施有機顆粒肥，但在夏季暫停有機顆粒肥。

追肥重點 2
可自己用竹子製作容器置放肥料。裡面放入用水攪拌過的油粕，可避免肥料一下子就溶解掉。

追肥重點 3
直徑 2.5 公分的油粕。原則上，5 寸～6 寸盆每次的施放量是 2 個；7～8 寸盆是 3 個；1 尺盆是 5 個。

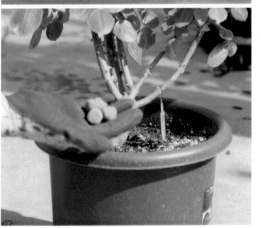

養出健康的盆栽

換盆後的管理

盆栽除了土量受限之外，可能會因澆水而讓肥料養分流失，所以需要定期追肥。另外，還要配合生長狀況，進行換盆或換土，這些都是為了讓植株健康成長的重要栽培管理作業。

換盆後的管理 ❷換盆

建議每次換盆時要挑比原盆大 2 寸的盆器。

新苗的換盆

1 調配夏季用土，進行換盆

4 月換盆的新苗，到了 7 月下旬要從 6 寸盆移植至 8 寸的軟盆。為了方便植株長大之後的再次換土，因此使用簡易盆器也沒關係。嫁接口的膠帶可以留著不用拆下。夏天因為容易發生根腐病等病害，所以相較於春天的土，需要減少土裡有機物的含量，8 月時要暫停追肥。

2 在日照充足的場所進行管理

要拔苗時，用單手抓住苗，另一手輕輕敲打盆器邊緣，會比較容易拔出來。請注意不要讓根團散開。移植完之後，要大量澆水，但要避免淋到葉子。澆水完後將盆栽置於日照充足的場所進行管理。梅雨季時要放在明亮的場所，梅雨季結束後，要避免西曬，最好放在能照到早晨太陽的地方。

▲ 婚禮鐘聲（Wedding Bells）

大苗的換盆

1 植株長大後要進行換盆

植株長大時，要進行換盆。從 6 寸盆換到 8 寸盆。在新的盆器底部放入顆粒土之後，再將換盆用的介質填入。從舊盆拔出的苗，要在維持根團不受破壞的狀態下放入新盆。

2 大量澆水

移植好之後，避開葉子大量澆水（➡ P95）。澆完水後，將盆栽置放於日照良好的場所進行管理。

▲ 小特里亞農宮（Petit Trianon）

1

將植株拔出

將植株連同盆土整個拔出來。將盆器稍微傾斜，敲打邊緣，會比較容易拔出。

2

把舊盆土弄散

用根耙之類的工具，縱向將舊盆土破壞弄散。變黑的老根即使切斷也沒關係。

3

留下一半的根團

將舊土、老根去除掉，留下一半左右的根團。

成株若已經種在 8 寸以上的大盆時，就不需要每年換土。雖然會因品種不同而有所差異，但是將近 10 年沒有換土而仍然元氣十足的植株也是有的。一般而言，經過 2～3 年，泥炭土或追肥的有機物會分解，根也過於茂密無處生長，排水性也會變差，因此需要更換新的用土。適合的時間是 2～3 月，可以跟修剪一起進行。把一半左右的舊盆土弄掉，用新的土替代。把全部的土換掉的話，會增加植株枯死的風險。利用扦插方式長成的「扦插株」和利用砧木嫁接生長出來的「嫁接株」，其介質調配比例是不一樣的。

應準備的東西

要進行換土的盆栽
(以家居庭園 Home & Garden 為例)

嫁接株介質
- 小粒赤玉土 / 80%
- 泥炭土 / 5%
- 珍珠石 / 10%
- 炭化稻殼 / 5%

扦插株介質
- 小粒赤玉土 / 75%
- 泥炭土 / 15%
- 珍珠石 / 10%
- 炭化稻殼 / 5%

MEMO　將全部的土事先混合均勻。

根耙
MEMO
把硬掉的盆土弄鬆散的道具。用木工工具的撬棒也可以。

4 鋪入顆粒土並放入植株

在盆底鋪上顆粒土（大粒赤玉土等等）之後，放入少量介質堆成小山丘，並把植株擺放在小山丘的上面。

5 放入新的介質

把混合好的介質全部填入盆內，插入竹棒，讓介質流動填補根與根之間等有空隙的地方。

6 填好全部的盆土

盆土填好的狀態。

7 澆水

大量澆水。因為珍珠石很輕，容易因為水壓而往一個方向流動，所以在澆水時要避免讓珍珠石分佈不均勻。

成長的樣貌（春天）

5月上旬會伸出很多花莖，讓人期待滿開的盛況。因為換過盆，有新鮮的空氣進入土裡，讓根變得健康有元氣，枝條、葉子和花的生長勢也跟著變強。

之後的作業行程表
盆栽玫瑰

11月底～2月	冬季修剪	➡ P150
1月～7月、10月中旬～11月中旬	摘除腋芽	➡ P136
全年	病蟲害防治	➡ P190
1月～7月	筍芽的摘心	➡ P132
3月～9月中旬	開花後的修剪	➡ P140
9月下旬～11月中旬	秋季修剪	➡ P144
11月下旬～2月	蔓性玫瑰的修剪和誘引	➡ P170

換盆後的管理 ❹ 澆水

盆植栽種的植株整年都要澆水。看到盆土變乾之後再澆水，由冬入春之際，要在晴天氣溫上升的10點～12點之間澆水。澆水要澆至水從盆底流出的程度。夏季時可觀察盆土乾燥的狀況，在早上和傍晚澆2次水，澆水時要避開葉子。

陽台的盆植栽種

配合環境選擇栽種品種

確認陽台的環境，選擇適合的品種

玫瑰似乎一直被認為是容易感染病害且栽培困難的植物之一。但是，現在已有很多在陽台也能栽種的品種。

例如，中輪豐花系統的「吸引力（Knock Out）」，耐暑性和耐乾燥性皆強，即使將近10年不換盆也

能生長良好，還有古典玫瑰系統的「粉月季（Old Blush）」等等能耐日陰、能維持小巧樹形的品種，都很適合種在陽台。「第一印象（First Impression）」等等花莖少刺的品種在狹小的空間裡也很容易照料，在風大的陽台，也可避免刺傷旁邊的玫瑰。在陽台栽種玫瑰，大多不方便散布藥劑，因此建議選擇具耐病性的品種。

想在陽台享受種植玫瑰的樂趣，就要選擇適合陽台的品種。朝東的陽台朝陽充足；朝南的陽台冬天溫暖；開放式柵欄的陽台日照良好；有水泥牆的陽台通風較差，各式各樣的陽台，環境條件大不相同。

適合陽台栽種的品種

陽台栽種建議選擇不用散布藥劑的耐病品種；不用移植也能活很久的品種；在狹小空間也容易管理的樹形小巧品種。

〈大輪玫瑰系統〉
婚禮鐘聲（Wedding Bells）➡ P62
我的花園（My Garden）➡ P64

〈中輪豐花系統〉
烏拉拉（Urara）➡ P73
齊格飛（Siegfried）➡ P63
小特里亞農宮（Petit Trianon）➡ P71
芳香蜜杏（fregrant apricot）➡ P67
波麗露（Bolero）➡ P61
尤里卡（Eureka）➡ P67

〈現代灌木玫瑰系統〉
家居庭園（Home & Garden）➡ P66
粉色漂流（Pink Drift）➡ P72

〈古典玫瑰系統〉
莫梅森的紀念品（Souvenir de la Malmaison）➡ P69
希靈登夫人（Lady Hillingdon）

〈迷你玫瑰系統〉
第一印象（First Impression）➡ P77

〈蔓性玫瑰〉
天使之心（Angel Heart）

重瓣吸引力 ▶
(Double Knock Out)

Point

陽台栽種應注意事項

陽台栽種用的盆器要選重量輕、不易破裂且不易讓盆土乾燥的材質。要留心避免讓吊盆或澆水的水掉落到樓下或馬路。雖然建議無刺的品種，但是種的是有刺的品種也沒關係。

盆栽因乾燥而凋萎的話怎麼辦？

　　因為忘了澆水，或澆水不夠，造成盆土乾燥，進而導致植株凋萎，時有所見。遇到這種情況，首先要先澆大量的水。葉片也要澆到水讓它濕潤。澆完水，把盆栽移動到沒有風吹的日陰處。等植株恢復元氣之後，再移回原來的地方。若剛好沒有合適的日陰處，可將盆栽放入紙箱蓋起來，既防風又可抑制葉片的水分蒸散，有助於植株的復原。

　　若植株變得非常沒有元氣，可修剪掉一半的樹高，然後澆大量的水，之後減少澆水量並觀察植株的復原狀況。

盆土的回收使用

　　換盆或換土時不要的舊盆土，可回收利用於玫瑰以外的草花植物。舊盆土因為排水性變差，所以要追加泥炭土和赤玉土以提升排水性。有發生過病害的盆土要先經過熱處理之後再使用。其中幾個熱處理的方式如下所示。

❶ 倒入熱水，用塑膠布蓋起來。
❷ 若正值夏季，把盆土裝入黑色塑膠袋裡，於陽光下曝曬一週。

　　但是，加了很多化學肥料或牛糞堆肥的土，EC（導電度）會變高。這代表土處於鹽分濃度高的狀態，不適合用來栽種植物。可以一點一點地加入新的用土裡使用。對於所在環境不方便處理土壤的人來說，平常最好不要使用化學肥料，堆肥也盡量少用會比較好。

陽台栽種玫瑰的訣竅

有水泥圍牆的陽台，大半都夏天熱、冬天冷，而且容易乾燥，對玫瑰來說是比較不利的環境。陽台栽種要針對防寒、防熱、防風等問題想出因應對策，營造出適合玫瑰生長的環境條件。

防熱對策

❶ 使用白色或乳白色等反射太陽光的盆器。
❷ 盆器下面用空心磚或紅磚等不吸熱的物品墊高，可在磚上面澆水藉以降溫。
❸ 盛夏的午後，要放在有遮陽網、園藝用薄膜、防寒紗等物品遮光的場所。

防寒對策

❶ 換成容易吸熱的黑色或暖色系的盆器。
❷ 如圖所示，直接將原來的盆栽，放入較大的黑色盆器裡。

防風對策

❶ 若預料會有颱風等等強風出現，可用繩子等等物品綁住枝條將之固定好。
❷ 移動到不受風吹的場所。
❸ 避免栽種「戀心」、「戴高樂（Charles de Gaulle）」等等容易因風吹而枯萎的品種。

淡粉紅吸引力
Blushing Knock Out

粉紅重瓣吸引力
Pink Double Knock Out

瑞伯特爾
Raubritter

波麗露
Bolero

若想種植盆栽玫瑰，應選擇什麼樣的品種？

想知道更多！

盆植栽種Q&A

A 若想種植盆栽玫瑰，最好選擇不換盆也能長久持續開花的品種。建議栽種「吸引力 (Knock Out) 系列」、「波麗露 (Bolero)」、「冰山 (Iceberg)」、「瑞伯特爾 (Raubritter)」、「泡芙美人 (Buff Beauty)」、「活力 (Alive)」「我的花園 (My Garden)」等品種。

玫瑰裡面有不太會萌生新梢進行枝條更新的品種。枝條幾乎不更新，或是很少更新的品種，其枝條壽命大多比較長，筍芽會隨著成長變得肥大。這類品種成長速度慢，所以不需要每年換盆，其中甚至有近 10 年都沒換土，依舊健康地生長。

相反地，會更新枝條的玫瑰，就需要經常進行筍芽的摘除或是枯枝的修剪。若有時間能經常進行前述的作業當然是最好，但對於那些不太有時間照料玫瑰的人，若想種植盆栽玫瑰，選擇枝條不太會更新的品種也是一種方法。

何種材質的盆器適合放在陽台？

A 重量輕又堅固的塑膠製盆器是合適的選擇。圓桶型的盆器因為站立平穩，可考慮使用。素燒盆因為盆土容易乾燥，最好能勤快澆水，經常不在家或是忙碌的人請避免使用。最好選擇傍晚回家時或是到次日澆水時，盆土都還沒乾，材質保水性佳的盆器。

盆土乾燥的狀況會因放置場所或介質特性而有所差異。增減赤玉土或泥炭土的分量，觀察保水性和乾燥狀況是其中一個方法。多方試驗，藉以找出適合自己管理方式的盆器尺寸和材質。

玫瑰盆栽要澆水，早上和晚上哪個時間比較合適？

A 澆水時間會因季節而所有差異。冬季是溫暖的上午；夏天是涼爽的早晨和傍晚；春秋是溫暖的白天。玫瑰若遇到急劇的溫度變化或是濕度變化，再加上植株狀態不佳，有可能會產生病害。但有時與溫度或濕度的變化無關，而是因為個人隨興而為的澆水方式，而製造了有利病害發生的條件。

尤其是每日溫差變化大的初春和或入秋，對玫瑰而言是最可怕的時候，更要特別注意。早晨在澆水之前，要先觀測一下當日的氣象變化，預報若是會下雨或是氣溫會下降的時候，要控制給水量，照顧上要多留心注意。

想購入種在長形高盆的大苗，
用盆植方式栽種。
在換盆時有哪些應注意事項？

玫瑰盆栽在盛夏時掉葉子
是什麼原因造成的？

大苗若是大輪玫瑰或是中輪豐花玫瑰一開始可用 8 寸盆；迷你玫瑰的話可用 6 寸盆。盆器太大的話，給水的管理會變得困難。換盆時若是生長期，在進行時請不要破壞根團。休眠期或是正開始長芽的初春，把一半左右的土弄掉也沒關係。

在日本 1～2 月的嚴冬期換盆，移植後請參考照片，將整個盆用不織布之類的東西包覆起來防寒〔註台灣可省略〕。不織布不僅能保溫，還具有保持適當濕度的效果。有濕氣的存在，盆器內就有結凍的可能性，但因為有覆蓋，所以會慢慢地解凍，因此不會造成問題。

用不織布把盆栽整個包覆起來，或是用上下開著的紙箱代替不織布。

有可能是不耐暑熱的品種，或是因為黑點病或葉蟎所造成的。是否為不耐暑熱的品種，於日本關東地區，在進入 7 月時，馬上就能判別。會因為暑熱而停止成長，明明沒有病斑，卻從下葉開始掉葉，可以移至涼爽的場所，或是改種耐暑的品種。

黑點病在氣溫達到 20～25℃時，孢子會四處飛散，致使感染範圍擴大。掉在地面的葉片上殘存著細菌或孢子，若隨著飛濺的雨滴，沾附到其它葉片的話，感染會急速擴大。建議平常就要做好防範對策（➡P195）。一看到葉蟎就馬上用指頭捏死，加以消滅（➡P200）。

為了防範病蟲害，最適做法就是盡可能不要讓盆栽淋到雨。

買了正在開花的玫瑰盆栽。
不換盆，直接這樣種可以嗎？

盛開著美麗玫瑰的盆栽，雖然非常賞心悅目，但很遺憾的是，很快就不再開花的盆栽真的非常多。大部分是因為澆水或施肥過度，或是感染病蟲害所導致。也有因為不使用有機質肥料，只施予液肥或化學肥料，造成缺乏成長所需的必要微量元素，讓玫瑰變得貧弱。

還有就是，市面流通的苗或植株通常都是用小的 6 寸盆在進行管理，可能會造成根部糾結無處伸展。即使是迷你玫瑰，若長得比較大株，也應該要使用到 8 寸盆。購入之後，請換大一點的盆會比較好。

若正值生長期，在換盆時請不要破壞根團，整株直接移植到新盆裡。若正值休眠期，把兩成的盆土用通氣性佳的新土替代。追肥時也要施加有機質肥料（➡P98）。

有時也會遇到不適合盆植栽種的品種，在購買之前務必先確認清楚。

3大重要因素
庭園栽種玫瑰的環境

要在庭園栽種玫瑰，必須選擇日照、通風和排水良好的場所。為了讓玫瑰能開得漂亮，請先將栽種場所的環境整頓好。

玫瑰若在日照和通風不佳的環境，很容易感染病害。能耐黑點病和白粉病等病害的品種雖然變多，但是抑制病蟲害的發生，是讓玫瑰開得漂亮最重要的關鍵。

地下水位高、土壤的顆粒太細（單粒構造）、黏土質的土壤是幾個造成庭園排水不佳的因素。不只有玫瑰，很多植物也比較喜歡藉由有機物將細土粒聚結成團粒構造的土壤。必須視情況進行土壤改良。

跟玫瑰一起種在庭園裡的植物也會影響玫瑰的生長。需要獲取很多肥料的植物，以及容易感染和玫瑰相同病蟲害的植物都要避免。

日照、通風

●玫瑰不宜密植

要先了解品種的特徵，是枝條容易橫向延伸的品種？還是直立往上延伸的品種，在種植時才能知道跟旁邊應保持多少間隔。若在狹小場所種太多植株，玫瑰會難以伸展生長，栽培管理上也難以細心照料。

●種在日照良好的場所

盡量選擇有半天日照，最低限度是上午曬得到太陽的場所。

排水

●地下水位高的土地，墊高地勢補救

遇到地下水位高的庭園，可把種植玫瑰的地方，用磚頭或石頭堆疊成花壇，中間填入土壤，以便將地勢墊高，從地面起算，墊高 20～30 公分就很有效果了。

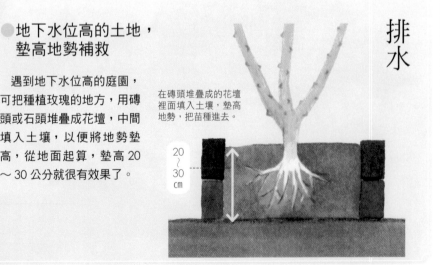

在磚頭堆疊成的花壇裡面填入土壤，墊高地勢，把苗種進去。

20～30 ㎝

Point

遇到無法整頓庭園的環境時

若遇到無法將庭園整頓成條件良好的環境時，那至少要選擇能彌補庭園缺點的品種。對於栽培新手而言，最好選擇能耐白粉病或黑點病等等病害的品種（➡ P60）。

容易被建築物遮擋形成日陰處的地方，建議選擇「夏日回憶（Summer Memories）」、「蔓伊甸（Pierre de Ronsard）」等等即使在日陰處也能健康成長的品種（➡ P64）。冬天比較寒冷的地方，最好選擇耐寒性強的品種（➡ P68）。朝南的場所因為夏天很熱，所以要選耐熱性強的品種（➡ P66）。

玫瑰專家鈴木的秘藏知識分享

苗的狀態也要注意

即使整頓好庭園的環境，若苗的狀態不佳，生長也會不好。尤其是乾燥，對裸根的苗來說是大敵。有的人會洗裸根，但是根部用水洗反而造成容易變乾枯的反效果。另外，也有人會把裸苗泡水一個晚上，這樣做會讓水進入枝條，種植之後，組織裡的水在日本冬季會凍結、乾燥反覆循環，最後就跟凍蘿蔔一樣枯死。

進口苗因植物檢疫的關係，會把土全部弄掉才能進口，所以特別容易乾枯，甚至還有受傷的情形。遇到那樣的苗，可以試試將根部浸入黏土（天然的黏質土），讓黏土包覆根部形成保護層。對於根鬚少的進口苗特別有效，也有治療受傷根部的效果。

❶ 加水讓黏土溶解形成黏稠狀，跟鬆餅麵糊差不多的濃稠度就可以了。

❷ 把苗根浸入溶掉的黏土裡，浸至嫁接口下方的位置為止，浸泡時間約 1 分鐘。

❸ 浸至細根被包覆一層黏土的程度，然後直接拿去種植。

● 避免照不到陽光

為了避免玫瑰照不到太陽，玫瑰的周圍不要種太高的草花或是葉片繁茂的庭木。玫瑰的腳下若要種草花，請不要覆蓋住玫瑰的根部。請選擇不會長太高的草花，同時也要注意種植的位置。

● 把很細的土變成團粒構造的土

團粒構造的土，會因土壤裡有機物的分解消失，耕耘機的反覆耕耘，或是土壤乾燥等因素使結構遭到破壞。土的顆粒太細，排水性會變差。遇到這樣的栽種場所，可加入完熟堆肥、腐葉土、泥炭土等等有機物去改良土壤，使其形成團粒構造（ P40）。

從春天開始生長之 盆栽植株的庭植

1 挖種植坑

坑的直徑約 45 公分，深度約 45 公分。將底土充分搗碎翻鬆。

直徑 45 公分

深度 45 公分

2 放入基肥

把做為基肥的有機肥投入坑內，跟和坑內的土壤混合。刮下坑壁的土一起混合，能擴大坑底面積，而且有翻鬆土壤的效果。

3 將基肥覆蓋起來

填入新土，將基肥覆蓋起來，避免根部直接接觸肥料。

定植至庭園

應準備的東西

盆栽植株
(以婚禮鐘聲 Wedding Bells 為例)

基肥

- 馬糞堆肥 / 5 公升
- 有機肥 / 50g
- 万次郎 (發酵肥料) / 100g

MEMO　若沒辦法買到万次郎，亦可使用油粕 100g 和骨粉 100g。肥料一般要加 200 ～ 300g，但若氣溫高的時候，只要加一半以下就可以。

稻草

炭化稻殼

新土

MEMO　如果需要換土，要預先準備好。若這塊土地之前種過其它花木，建議換土後再種比較好。

🌹 種植完之後不要摘心，以促進植株開花

植株要移植至庭園，建議 9 月下旬再進行。玫瑰在盛夏時會停止生長，等到氣溫下降的 9 月下旬，才會再度啟動生長動力。因此，若能在這個時期就種植好植株，讓根部有機會在冬季的冬眠期來臨之前伸展生長，這樣到了翌春，就能順利開始生長。

種植之後若土壤乾燥要澆水，而且不要進行摘心。約一個月之後會結花苞，此時不要摘蕾，要讓花苞開花。

結花苞準備開花的枝條，樹皮會變硬，變得更容易耐寒。雖然可以就這樣越冬，但是在會降雪的地區，最好還是要做防寒措施（➡ P 111）。2 月底前若能進行修剪（➡ P 150），有助於春天時長出充實健壯的枝條。

這裡將要介紹，在春天換盆的新苗（➡ P 94），在暑氣稍減的 9 月下旬，移植至庭園的方法。想把開完花的盆栽植株移植至庭園裡時，若剛好遇到這個時期，亦可採用相同的移植程序。

6 澆水

在根部周圍全面性地大量澆水，澆至地面無法再吸收任何水分為止。

4 調整種植坑的深度

把苗連同盆器一起放入坑內，以確認深度。盆土表面的高度應與地面差不多高，可利用土的填入量去調整高度。

7 用支柱支撐植株

用細竹子斜斜地插入土裡，深插至種植坑的壁內。將苗的枝條和竹子捆綁固定在一起。

8 保溫措施

用耙子之類的工具將植株基部附近的土整平之後，在根部附近用能保溫的炭化稻殼覆蓋，然後在上面放置能避免乾燥、長雜草的稻草，若找不到稻草，亦可覆蓋樹皮，或將草坪除下來的草曬乾後拿來使用。

註 台灣栽培不需要再覆蓋稻草。

5 把苗放入，將土回填

將苗從盆器取出，置放在種植坑的中央，在土變乾燥之前，盡快將土填入坑內。過程中請不要破壞根團。

完成

玫瑰專家鈴木的
秘藏知識分享

支撐玫瑰植株的支柱建議使用竹子

禾本科的竹子，會感染的病害跟玫瑰不同，因此可安心使用。若找不到竹子，可選用薔薇科以外的樹木的枝條。梅花或蘋果等等跟薔薇科植物有共通病害的植物，可能會將相關疾病傳染給玫瑰苗。捆綁用的繩子，建議使用麻繩等會隨著時間腐爛的材質，不需要時也較容易解開。若是使用人造材質的繩子或是棕櫚繩，之後需解開以免勒傷。選擇能預防病害又不費事的材料，是玫瑰栽培能長久永續的訣竅。

庭園栽種 ❸

大苗的種植

冬季的庭園栽種

這裡將介紹，在11月～2月，將大苗的裸苗移植至庭園的方法。重點在於，種植完成後須做好防寒措施，讓植株能渡過寒冬。還有就是，肥料不能與根部直接接觸。

註 台灣冬季不及日本寒冷，可省略防寒措施。

確實做好防寒對策很重要

11～2月是正值嚴寒的時期。玫瑰的根和芽都處於停止生長的休眠期。這個時期進行種植，若沒做好防寒措施，可能會發生枝條凍結、乾燥反覆循環，植株很快枯死的情形。

註 台灣栽培不致於發生。

種植時的基肥，施肥量要比夏天時多。肥料不能和根部直接接觸，要在種植坑內與土事先混合好。熔成磷肥因為不溶於水，所以要跟其它的肥料分開，在根部的附近施放。

大苗的種植

應準備的東西

大苗（樂園）

基肥

- 馬糞堆肥 / 5 公升
- 油粕 / 200g
- 骨粉 / 200g
- 硫酸磷 / 50g
- 熔成磷肥 / 200g

1 挖種植坑

坑的直徑約 45 公分，深度約 45～50 公分。挖好後，將底土充分搗碎翻鬆。

直徑 45 公分

2 加入基肥、熔成磷肥

把做為基肥的馬糞堆肥、油粕、骨粉、硫酸磷與坑內挖出的土混合。將挖坑時挖出來的土放一些回去，在上面施放熔成磷肥，與土混合。在上面回填少量的土，為了讓根部在種植能充分展開，中央的土要堆高如小山丘般。

▼

種在長形高盆的大苗的處理方式

暫時種在長形高盆的大苗，從盆器取出之後，請不要破壞根團。正在長葉子的苗正處於發根的時候，務必留意不要把根切斷。種植的程序跟裸根的苗一樣。

5 澆水

分 3～4 次，大量地澆水。若是用水桶的話，澆約 20 公升的水也沒關係。

6 豎立支柱

等水退去之後，將剩餘的土填回去，豎立固定植株用的支柱。綁支柱最好選用會腐爛的麻繩或紙繩。

Point

將支柱斜斜插入，深插進種坑的壁內。將枝條和支柱捆綁固定在一起。

7 防寒措施 [註] 台灣栽培可省略此步驟。

用桿子做成屋頂的骨架，用炭化稻殼和稻草覆蓋在根部上面。將不織布覆蓋在屋頂的骨架上，用麻繩綁好，下襬的地方用磚石等重物壓著，避免被風吹走。在日本關東地方，不織布覆蓋到 3 月都沒關係。

3 修剪枝條

修剪大苗時，下刀處要在嫁接處上方 20～25 公分處。留下 3 根比較結實強健的枝條，其餘的枝條都剪掉。

20～25cm

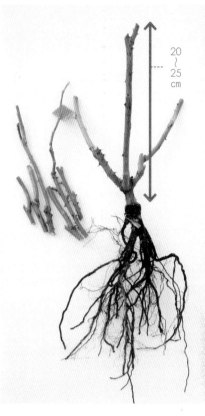

Point

把嫁接處的膠帶拿掉。若膠帶留著，會隨著生長陷入枝幹裡勒住，而妨礙生長。

4 苗的種植作業

把苗的根展開，平穩地放置在隆起的小土堆上，把土填入。將坑底挖出的乾淨的土倒在根部周圍。

Point

土填至坑的邊緣往下約 5 公分深的地方時，用腳輕輕踩踏，把土壤壓實。

享受更多種植樂趣
新苗、蔓玫苗的種植

新苗的種植
適合時期：9 月下旬～6 月中旬

種植的場所，盡量選擇日照、通風和排水良好的地方。種植的程序和盆栽植株的種植一樣（➡ P108）。種植完成之後，要澆大量的水，之後約 1 個月，請每天觀察植株的生長狀況。等地面乾燥之後再澆水。

要準備的肥料

基肥
- 馬糞堆肥 / 5 公升
- 油粕 / 200g
- 骨粉 / 200g
- 硫酸磷 / 50g
- 熔成磷肥 / 200g

1 挖種植坑、翻鬆土壤
挖出直徑 40～50 公分，深度約 40 公分的種植坑，並將底土翻鬆。

2 加入基肥
加入馬糞堆肥、油粕、骨粉、硫酸磷填入坑內，與土混合。

3 將土回填
把一些土填回去，加入熔成磷肥一起混合，再把土回填覆蓋住基肥。

4 豎立支撐苗株的支柱
在不破壞根團的情況下，將苗株種入坑內。如圖所示的方法豎立支柱，有助於新苗盡快生根成活。

嫁接處的膠帶不拆掉，直接種植。把支柱插入種植坑裡，刺進坑壁裡，以牢牢地固定植株。在嫁接處下方的位置將支柱和植株綁在一起。

基肥

防止忌地現象

在長年栽種玫瑰的場所種植新的玫瑰，有時會遇到生長狀況不好的情況，很多都是忌地現象所導致。忌地現象發生的原因有土壤裡的病蟲害增加，或是缺乏植物成長所需的微量元素。

想要防止忌地現象所引發的生長不良，只需用新的土替換掉種植坑的土即可。若無法準備新的土。可將表土和底土（心土）相互交換。

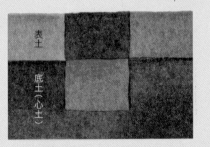

在回填從種植坑挖出的土時，可將表土和底土（心土）相互交換。

表土
底土（心土）

庭園栽種除了大苗以外，也可以種植新苗、蔓玫苗。把種植的訣竅記起來吧！除此之外，把種植好的植株移到別的場所去種植，稱之為移植。這裡也會介紹移植的方法。

蔓玫苗的種植

適合時期：9月下旬～6月中旬

有的蔓性古典玫瑰的苗株，會在盆器裡豎立約150公分高的支柱，讓枝條攀附往上延伸生長，這種盆苗被稱為蔓玫苗。

種植的程序跟種植新苗一樣。購入後不要拿掉支柱，以那樣的狀態直接種植。

到了12月，將支柱斜插重新豎立，把原本直立的枝條弄彎往旁邊傾倒跟支柱綁在一起。植株基部也要豎立支柱。

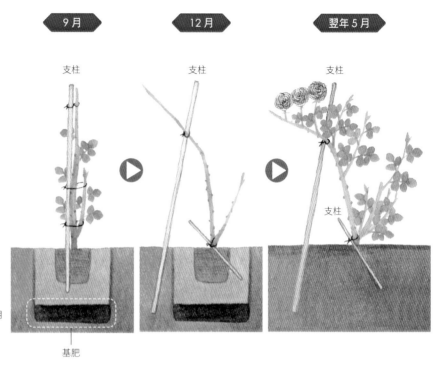

9月　　　12月　　　翌年5月

支柱　　　支柱　　　支柱

支柱

種植時不要破壞根團，使用的基肥跟新苗種植一樣。

基肥

植株的移植

適合時期：9月下旬～5月中旬

用麻繩等物將枝條綁在一起，為了不傷到根部，在挖掘植株時，基部周圍的面積要盡量挖大一點。

枝條的部分用不織布覆蓋後，直接種入新的坑裡。

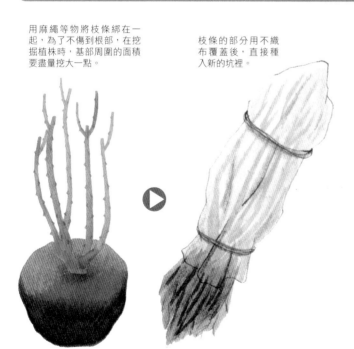

若需要將栽種於庭園裡的某株玫瑰移至別的場所，建議在9月下旬之後進行。移植前完成修剪，用麻繩等物品將枝條綁在一起，以方便作業。新的種植場所，要事先挖好種植坑，並將5公升左右的堆肥跟土混合好。

在挖掘植株時，為了盡可能地保留根部，要大面積地挖掘根部周圍的土。挖起來的植株，枝條部分用不織布包覆。種植到新的坑裡之後，要澆大量的水。

種植完成，不織布無須拿掉，若有持續乾燥的現象，選某個溫暖的日子的上午，對著植株基部和包覆著不織布的枝條澆水。等芽長至1公分長左右，再把不織布取下。

培育出健康的植株
庭園栽種之後的管理

在庭園裡完成種植之後，定期澆水是必要的作業。為了防止乾燥和病蟲害的發生，經常觀察植株狀態是很重要的事。讓我們一起來確認一整年的管理作業吧！

庭園栽種的澆水

庭園栽種的玫瑰，在種植後約1個月內要定期澆水，等植株開始發根成活，就不需要定期澆水。根部是否成活，可透過芽來確認。若新芽長至2公分以上，代表發根狀況良好。選擇蓮蓬頭的孔穴細小的澆水工具，輕輕地對著植株基部大量澆水是基本要領。不可以從植株頂部澆水。

◇ 一定要澆水的時候

- ☐ 連續晴天，地面非常乾燥的時候
- ☐ 盆植栽種的植株移植至庭園，到發根成活約一個月內的時間
- ☐ 種植一年內的植株

◇ 這類的症狀要注意！

- ☐ 處於生長期，枝條卻不延伸生長
- ☐ 不開花，同時有掉葉的現象
- ☐ 該是萌生新梢的時候，卻沒長出來
- ☐ 葉片生長位置的間隔（節間）變長

※ 若出現這些症狀，可能是缺水或是澆水過度造成的。

正確的澆水方法

夏 冬

夏天要選在早上和傍晚比較涼爽的時候澆水。冬天要在晴天，上午10點左右氣溫上升之後的時間。日本冬季傍晚澆水的話，可能會有凍結的現象發生，所以不可在傍晚澆水。若使用水管澆水，夏天時要等前面一段變熱的水流完之後再澆水；冬天要等冰冷的水流完之後再澆水。

春 秋

春天和秋天是氣候容易變化的時期，因為下雨等因素造成氣溫急劇下降，容易引起霜霉病等等病害。北風或南風也要注意。澆水要先確認當日和次日的天氣和氣溫。

植物的根會吸收土裡的水分和養分，同時也吸進了氧氣。根部若長時間處於浸在水裡的狀態，會無法吸取氧氣，是造成根腐病的原因。除此之外，根部為了獲取水分，會往地底延伸生長，若常常澆水，根部沒有延伸的必要，就會變成根系發育不良的植株。

寒肥的施肥（台灣：修剪後施肥）

1 在距離植株基部 20 公分以上的位置（視植株大小調整），挖 2 個直徑 20 公分，深度 40 公分左右的坑洞。挖越深越好。在挖洞時，因為會翻動根部周圍的土壤，空氣進入土壤，能促進根部生長得更好。

2 將馬糞堆肥、油粕、骨粉、硫酸磷分成 2 份，分別放入 2 個坑洞裡。

3 用鏟子將坑壁的土削下來，用削下來的土跟肥料混合。

4 回填少量的土之後，把熔成磷肥分成 2 份，分別放入 2 個坑洞裡。

5 把挖起出來的土填回去，把表面弄平之後，將稻草覆蓋在根部附近。稻草可防止長雜草並可預防乾燥。夏季時也有防止土壤溫度上升過快的效果。

註 台灣栽培不建議覆蓋稻草。

應準備的東西

寒肥
- 馬糞堆肥 / 5 公升
- 油粕 / 200g
- 骨粉 / 200g
- 硫酸磷 / 50g
- 熔成磷肥 / 200g

因為施加過多化學肥料，產生葉燒現象。

　　苗或植株在種植時應施加足夠的基肥，讓玫瑰健康成長。花後肥料或是促進新芽生長的肥料都是不必要的。施肥過度容易造成肥燒（葉燒）、花形凌亂，花瓣數過度增加卻不開花；或是葉片變得過大，枝條徒長等現象，進而導致成植株生長柔弱，耐病性也會跟著變弱。

　　在日本通常會在 12 月中旬～2 月上旬，玫瑰休眠的時期施加寒肥。

註 台灣栽培可以在秋季中修剪，以及冬季強修剪之後，挖溝或挖洞施放有機長效顆粒肥。建議在植株周邊挖 4 個洞，每個洞放入約 50 克肥料，冬季強修剪之後，肥料可以加倍，每個洞約放入 100 克。

Point
施寒肥的坑洞，要每年稍微移動一下位置。施寒肥的位置附近，生長狀況會變得更好。

之後的作業行程表
庭植玫瑰

11 月下旬～2 月	蔓性玫瑰的修剪加誘引	➡P170
11 月底～2 月	冬季修剪	➡P150
1 月～7 月、10 月中旬～11 月中旬	摘除腋芽	➡P136
全年	病蟲害防治	➡P190
1 月～7 月	筍芽的摘心	➡P132
3 月～9 月中旬	開花後的修剪	➡P140
9 月下旬～11 月中旬	秋季修剪	➡P144

Q 5月時買了盆栽植株，
想要種植到庭院裡去，何時進行會比較好？

A 先摸摸看盆土的表面。若土呈現堅硬的狀態，就是適合種植的
時機。若土是柔軟的，就等到梅雨季節吧！盆土柔軟的盆栽，
大概才進行幼苗移植一個月左右，如果就這樣把植株拔起來，
可能會破壞根團。基本上，移植作業要避開晴天比較好。濕度高的陰天
是最適合的。

若是蔓玫苗，最好在9月進行種植，並在年內發根成活。

Q 在庭院種植嫁接苗，
嫁接處的下面長出新芽，
可以放任讓它生長嗎？

A 嫁接處下面長出的芽，有可能是用來嫁接的砧木的
芽（砧芽）。若是日本的砧木，通常是使用「野薔
薇」，小型葉片呈現淡淡的黃綠色，有7枚或9枚
的小葉，沒有刺是其特徵。

若放任讓砧木的芽生長，會影響嫁接品種的生長。若看到
它，請把它摘除！若遇到是從地裡長出來，請用剪刀剪掉。
爾後只要看到砧芽再長出來，把它摘除就對了！

Q 種植玫瑰的土，
有需要像蔬菜田那樣
把土壤翻鬆嗎？

A 花的栽培跟蔬菜的栽培一樣，整地也
是很重要的一環。將大量的堆肥混入
土裡，把土翻鬆，使土地的排水性變
好，能使植物生長發育良好。然而，這樣整地
雖然能讓土壤的排水性變好，但相對地，也等
於是讓土壤容易變乾燥，若沒定期澆水，可能
會導致缺水的情況發生。

種植玫瑰時，若植坑周圍是鬆軟的狀態，土
會容易變乾，若好一陣子不澆水，會導致玫瑰
乾枯。凡事皆是如此，做得過頭都會招致反效
果。有時必須稍微放手順其自然。過度照料會
讓植物無法發揮自身的力量。

開著白色小花的野薔薇。葉片是淡淡的黃綠色。

Q

想請教樹型玫瑰的防颱對策。

A

當你聽到颱風要過境的預報時，請設立 3～4 根支柱將植株包圍起來。將植株整理固定好，以免被風吹得四處搖晃。若正值開花，視情況有時把花剪掉會比較好。

平時的栽培管理也很重要。要讓根部能夠延展擴張，以有能力抵擋像颱風那樣的強風。不要施肥過度或澆水過度，讓根部能充分生長延伸，長成茁壯強健的植株。設立支柱，可能會誘使玫瑰的枝條攀附過去，這樣只會養出軟弱的玫瑰。

植株基部若遭受星天牛之幼蟲的啃食，也是植株因強風折斷的原因。只要看見天牛的成蟲，便加以捕殺，讓它沒有機會產卵。

在植株周圍設立 3～4 根支柱，用繩子纏繞在支柱上，將枝條整理整齊。若趕時間，可以直接用繩子將植株從下往上呈螺旋狀纏繞。

Q

庭院的玫瑰患了根頭腫病。
想種植新的玫瑰，
是否一定要換土？

A

造成根頭腫病的病菌，在冬季時活動力會減低，建議在冬天進行移植。在更換植坑的土壤時，鏟子之類的工具要用水充分洗淨再使用，以免新土混雜到舊土。細菌容易從嫁接口、傷口或是害蟲啃食處等地方侵入，因此在移植的時候，請注意不要傷到根部。

Q

利用通信販售通路購入進口苗，
送來的時候根部沒有任何土壤，
能以這樣的狀態直接種植嗎？

A

進口苗因為接受植物檢疫的關係，必須將土完全弄掉，以裸根苗的狀態進口。因為根部已被清洗過，根部表皮可能會有剝落現象，變得極度容易乾燥。若表皮剝落，水分會容易散失，若這樣直接種到土裡，會因為水分吸收困難，造成生長顯著遲緩，或是枯萎的情況發生。

因此，有的做法是將苗浸到水裡 20～30 分鐘，讓它吸收水分之後再種植。若有用來促進扦插苗發根的植物活性素，可按產品說明稀釋成規定的濃度後混入水裡。枝條若有枯萎的感覺，可把枝條整個浸入水裡讓它吸水。另外，還可以將苗根浸入被水溶解的黏土裡以形成保護膜的方法（➡ P107）。

因為根有受傷，所以要使用乾淨的土，先種植在盆器裡，等它成長之後再移植至庭院裡，會提高成活的機率。種植完之後，為了保溫和遮光，可設立支柱，用不織布覆蓋。

方法和注意要點

利用扦插進行繁殖

扦插法

適合時期：8月中旬～5月底，避開夏季高溫期

◈ **扦插用枝條（插穗）的選擇方法**

☐ 選擇健康，沒有病害的插穗

☐ 開花中或是花苞正要綻放的枝條比較好

☐ 直徑 2～5 公分發育充實的枝條會比粗的枝條好

☐ 年輕的軟枝不容易發根

☐ 結果實的枝條也不容易發根

適合進行扦插是氣溫 20℃～25℃的時候，氣溫太高，會不容易發根。雖然因品種的不同，有的品種容易發根，有的不容易，但一般的玫瑰 1 個月左右，迷你玫瑰 20 天左右，就可以進行幼苗移植了。

有幾種繁殖玫瑰的方法，但其中比較容易挑戰成功的是「扦插法」。若能順利繁殖自己喜歡的植株，會讓玫瑰栽種變得更有樂趣。

1

在插床的土裡開洞

用竹棒在插床土裡，插出洞穴。預先開好洞，在作業時比較不容易傷到插穗的切口。

2 **讓插穗吸水**

從插穗的下部開始，每 1～1.5 公分剪下一段帶葉的枝條，讓它直接掉落在裝了水的的水桶裡。每剪一段，將枝條旋轉 180 度後再剪下一段。讓掉在水裡的插穗吸水 5～30 分鐘。

應準備的東西

扦插用的插穗
(以諾瓦利斯 Novalis 為例)

插床用的土

● 赤玉土 / 70%

● 珍珠石 / 10%

● 泥炭土 / 10%

● 炭化稻殼 / 10%

MEMO 將介質完全混合後弄濕。

插床用的 5～6 寸盆

MEMO 為了便於擋風、遮光，請選用較深的盆器。用土填至盆器的三分之一處。

裝了水的水桶

有專利的玫瑰品種，為了保障育種者的權利，未經許可不得進行繁殖、讓渡或交換種苗。原則上，個人繁殖的種苗亦不可讓渡或交換。

3 **製作插穗**
將吸完水的插穗從水裡撈起，做為插穗。為了抑制水分蒸散，比較大的葉片要切掉一部分。切掉太多葉片的話，無法進行光合作用，發根速度會變慢。

切掉

切掉

4 **插穗的扦插作業**
在將插穗插入土壤時，不要讓葉子重疊，也不要碰觸到土壤。插入的深度約是 3 ～ 4 公分。切口要露出土壤表面。

後續的管理

扦插完成之後，要澆大量的水，置於半日陰，淋不到雨的地方。經過一週後，若葉片保持綠色，代表發根大致成功。要適度澆水避免土壤乾燥。第 20 天、第 25 天左右施與稀釋過後的液肥。

1 個月內絕對不要去動插穗，或是把它拔出來。

扦插後的作業 ❶ 插穗的移植
扦插完成約 1 個月之後

發根之後，逐一將插穗移植至個別的盆器裡，在作業時，為了遮擋風吹，避免根部乾燥，最好在室內進行。移植後一週內，要放在半日陰、淋不到雨的場所進行管理。之後要移至日照良好的場所。等盆土變乾再大量澆水。看到冒芽，就代表根部已生長延伸。施與稀釋過後的液肥。

▷ 應準備的東西

插穗移植需要的用土
- 小粒赤玉土 / 70%
- 泥炭土 / 10%
- 珍珠石 / 10%
- 炭化稻殼 / 5%
- 小粒鹿沼土或是小粒赤玉土 / 5%

1 將插穗置入盆器內
在盆內填入三分之一的土，將插穗的根展開，放置在盆土上。

2 填土澆水
將土填入盆器，澆水澆至有水自盆器底部流出的程度。

扦插後的作業 ❷ 換盆
扦插完成 2～3 個月之後

插穗移植之後約 2 個月，高度大概會長至 30～50 公分。長到這樣的程度，就該換到大盆器。

▷ 應準備的東西

換盆用的土
- 小粒赤玉土 / 70%
- 泥炭土 / 10%
- 珍珠石 / 10%
- 炭化稻殼 / 5%
- 小粒鹿沼土或是小粒赤玉土 / 5%

高度 30～50 公分左右的苗。

移植
個別移植至 5 寸盆。作法跟插穗移植時一樣。若結花苞要進行摘蕾。

扦插後的作業 ❸ 摘葉

扦插完成的第一個冬天

　　扦插作業完成後的第一個冬天，尚未長至需要修剪的植株。到了2月上旬冬季修剪的時期，不必進行修剪，但為了防止病害發生，需將葉子全數摘除。註台灣栽培，幼苗階段可不必將葉片摘除。

1　前年6月下旬進行扦插之後，已經過約8個月（時值2月），已長出2根枝條。

2　不用修剪，只需將葉子摘除即可。

成長的樣貌（春天）
前年6月下旬進行扦插作業後，經過約11個月，到了5月上旬開花期的樣貌，結出花苞，同時也長出新梢。

利用嫁接進行繁殖

方法和注意要點

嫁接法

嫁接就是將砧木和接穗的形成層緊密地接合，讓組織相互結合，使兩個不同的植物體合為一體的一種繁殖方式。組織若能結合，砧木吸收到的水分和養分就會流至接穗，接穗透過光合作用所製造的同化物質也會流至砧木。野薔薇 (*Rosa multiflora*) 是一般常見的砧木。若不太容易找到砧木，就用扦插法 (➡ P118) 或是播種法繁殖。

枝條的構造

木質部

樹皮

形成層

芽接法

適合時期：8 月底～ 4 月底，避開夏季高溫期

1

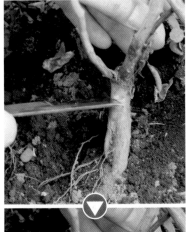

在砧木的枝條的下部，橫向劃出 6 ～ 8mm 的切口。形成層就在樹皮內側。

2

縱向劃出約 1.5 公分的切口，與橫向切口形成 T 字型。

3

將 T 字型的縱向切口往左右撐開表皮，露出形成層。

將接穗的芽的部分跟砧木接合在一起的嫁接法。一般在繁殖玫瑰時，會將芽嫁接在花壇或農地裡的野薔薇的基部與枝條之間的位置。生長多年的野薔薇比較不容易嫁接，請使用播種後一年左右，根的上部粗細約 1 公分左右的部位做為砧木。

應準備的東西

砧木

接穗 (以福利吉亞 Friesia 為例)
MEMO　接穗使用開花中或是剛開完花的枝條。

芽接刀
● 只要是斜刃的刀子都可以

透氣膠帶或嫁接膠帶

後續的管理

芽接之後若是夏天，約 1 週左右，如果芽沒有變成黑色就代表成功了。因為芽會一直到春天都沒有動靜，所以要到野薔薇的開始生長的時期 (日本關東地區是 1 月～ 2 月上旬)，在芽接點往上約 1 ～ 2 公分的位置，下刀將枝條切掉，並將膠帶拆掉。

「嫁接」是將想繁殖的玫瑰的枝芽接到別的植物體上讓其生長的一種繁殖方法。嫁接的方法雖有好幾種，但是玫瑰主要是採用「芽接法」和「切接法」。

5

將芽插入砧木樹皮裡，緊密貼合。要趁切口未乾燥之前盡快完成。把露出的多餘部分切掉。

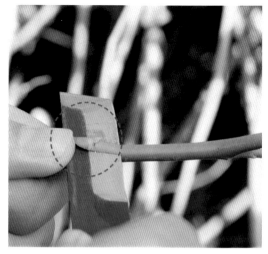

6

纏上膠帶，將芽和砧木牢牢貼緊。嫁接專用的膠帶要充分展開拉薄，由下往上纏繞。

4

從接穗的芽的下方，斜斜入刀，將皮薄薄地連芽一起削下來。將切下來的芽的內側所附著的木質部去除。

芽接苗的栽培方法 註 台灣栽培可省略防寒措施。

❶ 從田地移植至庭園
適合時期：9月下旬～5月中旬

1 在挖掘時要細心謹慎，盡可能地保留根部，之後就跟新苗的庭園栽種一樣，放入基肥後把苗種下去（➡P112）。

2 種植完成後，防寒措施跟大苗一樣（➡P111），用桿子做成屋頂，再用不織布覆蓋防寒。

3 不要馬上澆水，選一天溫暖的日子再澆水。

4 芽長至1～2公分之後，將不織布拿掉。

❷ 在庭園裡就地種植
適合時期：9月下旬～5月中旬

1 在芽接點上方1～2公分的位置下刀，將枝條切除，拆掉膠帶。

將距離芽接點1~2公分以上的枝條切除

2 施肥的量只需新苗的一半。馬糞堆肥2.5公升、油粕100g、骨粉100g、硫酸磷25g、熔成磷肥100g。在距離植株10公分以上的地方，挖出直徑10公分左右的坑洞，將肥料放進去（➡P115）。

3 要是擔心寒害，可以用不織布覆蓋來防寒。

❸ 從田地移植至盆器
適合時期：9月下旬～5月中旬

1 挖掘時不要傷到根部，種植時請依照新苗移植至盆器的程序（➡P94）。6寸盆會比較合適。用土是赤玉土70%、泥炭土15%、珍珠石5%、炭化稻殼5%、完熟馬糞堆肥5%。比較寒冷的時候，可以多加一點堆肥。

2 第一次要大量澆水，之後等盆土乾燥再澆水。置於不會淋到雨或雪的場所管理。若擔心寒害，可用不織布防寒。給水要稍微減少。

3 等芽長至1公分左右，施加1個固形油粕做為追肥。之後的管理方式跟新苗的盆植栽種相同（➡P98）。3月以後要增加澆水量。

切接法

切接法是切下一段只保留一個芽的短接穗，將之接在砧木上的一種方法。大多是在休眠期的 2 月進行。進行切接時，要在接穗和砧木未變乾燥之前盡快完成。若想培育出標準型樹玫瑰（➡ P48），有時需讓砧木的枝條長高變長，然後在枝條上某個部位進行嫁接。

1 將切口的邊緣斜切切除，讓砧木的形成層清楚露出。

Point 斜斜切掉 3mm 左右。

2 從樹皮表面往內 2〜3mm，差不多接近木質部的位置，以刀片縱向切入，垂直切開 2 公分。

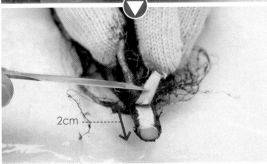

2cm

3 斜切 45 度將接穗的下部尾端切掉Ⓐ，接著在斜切口的反面對側，自下部的尾端削掉約 2 公分的樹皮，讓形成層露出來Ⓑ。

Ⓐ Ⓑ

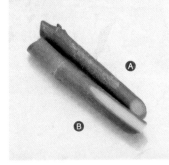
Ⓐ
Ⓑ

應準備的東西

砧木
MEMO 取播種之後生長一年的野薔薇植株，在距離根的上部約 5 公分的位置下刀將以上的部分切除。

接穗（以 Liberta 為例）
MEMO 接穗要比砧木細，合適的砧木和接穗的粗細比是 7:3 到 6:4。在取接穗時，只要留一個芽，長度約 5 公分。

切接刀
嫁接膠帶
剪定鋏
工作手套
7 寸盆（暫時種植用）
赤玉土

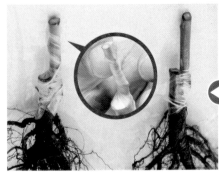

Point 可用膠帶將接穗整個包覆起來。

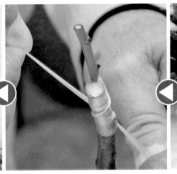

5 將接合的部位用膠帶纏繞固定。為避免砧木切口乾燥，也要用膠帶覆蓋住。

4 讓砧木的形成層與接穗的形成層面對面重疊，將接穗插入砧木。

124

切接後的作業　切接苗的移植
切接完成約 40 天後

1 個別將單株切接苗種入 5～6 寸盆。用土的組成有小粒赤玉土 70%、泥炭土 20%、珍珠石 5%、炭化稻殼 5%。

2 充分澆水。澆水時盡量不要淋到枝條或是葉子。澆完水過一週之後，每盆放入 1 個固形油粕或有機肥，管理的方式跟新苗的盆植栽種一樣（➡ P98）。

成長的樣貌
（春天）

若是 2 月上旬的切接，經過 3 個月來到 5 月下旬。在這之後，要依新苗的栽培管理，視適當時機反覆持續進行筍芽的摘心（➡ P132）、摘蕾（➡ P138）等作業。

6 將切接的砧木，以 3～4 株為一組放入盆器內，填入赤玉土，填至嫁接處下方為止。

7 大量澆水，澆至盆底流出的水不再混濁為止。

8 為了防風、防寒，可用另一個盆器覆蓋住。避免用透明盆器，因為會讓溫度上升過快。

註 台灣栽培可省略。

後續的管理 置於東側的屋簷下等不會淋到雨或雪的地方，等盆土乾燥之後，避開枝條澆水。等 20 天左右芽長出來，管理時可維持在稍微乾燥的狀態。若進行人工加溫管理，很容易栽種失敗，所以自然放任就好。等芽長至 1 公分左右，可把覆蓋物拿掉，晚上或是寒冷的時候，再覆蓋回去。當芽長至 5～10 公分時，請參照以下的要領進行切接苗的移植換盆。

方法和注意要點

利用空中壓條進行繁殖

空中壓條法

適合時期：四季，春季為佳

1　用刀子在野薔薇枝條上環繞切出一圈切口，然後間隔約與枝條粗細相等的距離，再切出另一圈切口。

2　將兩圈切口中間的表皮剝除，剝皮時不要殘留表皮或是形成層。這就是所謂的環狀剝皮。

3　在環狀剝皮部分的中央稍微往上的地方，用水苔包覆起來。

4　趁水苔未變乾之前，用透明塑膠薄膜緊密包覆，然後用繩子纏繞牢牢固定綁好。水苔若會移位，會弄斷長出來的根，所以務必綁好，不要讓水苔轉動移位。

 包水苔的部分若直射陽光，塑膠薄膜內部會因高溫而變熱，所以最好放置在日陰處。

這裡將要介紹如何利用野薔薇的枝條進行空中壓條繁殖，以用來生產標準型樹玫瑰（➡P48）的砧木。如果想用喜歡的品種進行挑戰，可以再多製作一個新植株。

應準備的東西

壓條用的植株（野薔薇）

MEMO　選擇當年才長出來，直徑1公分左右的年輕枝條。除了年輕，最好枝條前端有長新芽，因為這象徵其根部健康，吸水狀況良好。

切接刀、水苔

MEMO　先用熱水消毒切接刀。讓水苔充分吸水，要使用之前確實地擰乾水分。

透明塑膠薄膜

繩子

成長的樣貌

1個月後，從透明塑膠薄膜裡面會長出紅色的根，隨著根伸長，水苔會變乾燥，因此可以乾燥狀況來判斷發根的狀態。

「空中壓條法」就是取枝條或根的中間一段，使其發根，再將之切下，用來培育新個體的一種繁殖法。從古早以前就開始有人使用這個方法來生產盆栽或庭園樹木等的幼苗。

126

空中壓條後的作業 空中壓條苗的移植
壓條完成 2 個月後

1. 水苔變乾燥，確認有長出茶色的根之後，將距離水苔約 5 公分以下的枝條切除。

2. 拿進室內，拔掉葉子，在水苔上方 1 公尺左右的地方下刀，切除枝條。

看到塑膠薄膜裡的水苔變乾燥，確認有發根之後，將枝條從母株上面切下來進行移植。

應準備的東西

介質
- 小粒赤玉土 / 65%
- 泥炭土 / 15%
- 珍珠石 / 10%
- 炭化稻殼 / 10%

6 寸盆

剪定鋏

裡面裝水的水桶

3. 若水苔移動，會弄斷根部，所以在拆除塑膠薄膜時要小心不要動到水苔，並剪掉下部的枝條，然後馬上浸入水裡，讓其充分吸水。

4. 無需去除水苔，直接放入盆器內，用土覆蓋種植。種好之後，澆大量的水，置於日陰處。

後續的管理

一週之後芽會開始活動，在那之前要在日陰處進行管理。經過 2～3 個月，各處會開始冒芽，但因為這個枝條是要做為嫁接砧木使用，所以只保留最上面 2 個芽，其餘的芽要全部摘取。若不是當做砧木使用，栽培方法跟新苗相同 (➡ P98)。

成長的樣貌（春天）

在空中壓條繁殖的野薔薇上面切接「粉月季 (Old Blush)」，經過 3 個月之後的樣子。粉月季的芽長出來，順利健康的成長。

來喝玫瑰花草茶吧！

玫瑰是從古代就被當做藥草或香草使用的一種植物。從新鮮花瓣萃取出的精油或玫瑰水是製造香水或化粧水的原料。乾燥後的花瓣和花苞，可用來製作乾燥花、果醬、蛋糕等等，用途非常廣。

玫瑰花瓣或花苞乾燥後可製成玫瑰花茶或玫瑰花草茶。主要是用百葉薔薇（*Rosa centifolia*）、大馬士革薔薇（*Rosa × damascena*）、高盧玫瑰（*Rosa gallica*）等原生種玫瑰或古典玫瑰的花瓣或花苞。市面上也有整包或整盒都是花苞 (buds) 的玫瑰花茶。玫瑰花茶散發著高雅的香氣，能撫慰煩燥心情，消除心理疲勞。具有調節荷爾蒙平衡和消除便秘的效果。

另一方面，玫瑰的果實(附果)經過乾燥之後，被稱為玫瑰果 (Rosehip)。主要使用的是犬薔薇 (*Rosa canina*) 或鏽紅薔薇 (*Rosa eglanteria* ＝ *Rosa rubiginosa*) 的果實。玫瑰果茶香甜中夾帶著柔和酸味，含有豐富的維他命 C，具有美化肌膚，預防黑斑、雀斑形成的效果。除了維他命 C 之外，還含有維他命 A、B、E、K、鐵質和多酚，可以抗老化、消解便秘、恢復眼睛疲勞。

要對玫瑰果進行乾燥處理時，請充分洗淨果實，擦乾水分後用菜刀切成一半或四分之一，去除種子，放入簸箕等物品，平放於通風良好的日陰處 1 個月，讓其乾燥，並注意濕氣避免發霉。野薔薇等等的果實是不錯的選擇。使用的是入秋時變紅成熟的果實。

 有使用化學農藥的玫瑰，不適合用來做為藥草或香草。

很常被用來做為藥草或香草的犬薔薇的果實(玫瑰果)。　比犬薔薇稍小的野薔薇(*Rosa multiflora*)的果實。

玫瑰花 (玫瑰果) 茶的沖泡方式

［材料：1 人份］

✤ 熱水：180cc

✤ 玫瑰花茶或者玫瑰果：滿滿一小匙

※ 用手指輕輕按壓玫瑰花茶，將之弄碎。若是使用玫瑰果，可用研磨鉢或果汁機攪碎之後使用。

1. 將熱水倒入杯中預先溫熱杯子。
2. 將滿滿一小匙的玫瑰花茶或者玫瑰果放入茶壺。
3. 在茶壺裡注入 180cc 的熱水，蓋上茶壺蓋悶約 5 分鐘。
   ※ 若有茶壺保溫罩，可把茶罩罩起來，減緩冷卻速度。
4. 拿掉茶壺蓋，將茶攪拌均勻。
5. 將杯裡的熱水倒掉，放上茶濾網，可在倒入花茶的同時過濾茶水。

泡過茶的玫瑰花瓣、花苞或者玫瑰果，加入蜂蜜或細砂糖，用微波爐加熱後，充分攪拌做成果醬食用，可以攝取到完整的營養成分。

Lesson 4

玫瑰的
四季照料方法

玫瑰栽培不可欠缺 8大重要作業

培育玫瑰的必要作業

2 筍芽的摘心

目 的	培育未來的主幹
最適時期	1月～7月
方 法	摘除新生枝條的前端，以培育未來的主幹。主幹也稱為主枝，負責開花與行光合作用，同時也是決定樹形的重要枝條。健康的主幹愈多，葉片相對增加，可進行光合作用也變多，讓植株長得更結實。

→ P132

1 澆水

目 的	補給水分
最適時期	整年
方 法	盆植栽種的玫瑰需要定期澆水，庭園栽種的玫瑰則視生長狀況而定。澆水的時間與次數，請根據季節與氣候的狀態適度調整。夏季的給水尤其重要。

→ P114

4 修剪及誘引

目 的	修整樹形 保持良好日照 確保良好通風
最適時期	9月下旬～2月
方 法	修整樹形，同時去除老枝及多餘枝條，促進新枝生長，維持健康活力。修剪時期可分為在秋季進行的中修剪（➡P144），以及在冬季進行的強修剪（➡P150）。若是蔓性玫瑰，冬季修剪時請一併進行藤蔓的誘引作業（➡P170）。

→ P142

3 散布藥劑

目 的	預防與驅除病蟲害
最適時期	全年
方 法	一發現害蟲或生病的徵兆，立即用藥劑防治驅除。

→ P192

為了讓玫瑰開出美麗的花朵，平時仔細觀察玫瑰，時常進行必要的作業非常重要。尤其是澆水、摘心或摘芽，更是培育結實植株不可欠缺的作業。

何謂摘心？

摘心，指的是摘除植物的枝條頂端，也稱為摘芽。主要是針對四季開花性品種進行的作業，由於玫瑰的摘心會一併摘除花蕾，因此也兼任摘蕾（➡P138）之務。摘心的目的，是為了增加枝條及葉片，培育出結實的植株。枝條頂端摘除後，會從切口下方的葉片旁邊長出新枝。

6 開花後修剪
→ P140

目　的	促進花芽形成
最適時期	全年
方　法	修剪掉開完後的花朵，促進下期新芽的發育。殘花任其留在枝條上，玫瑰會消耗許多體力去結果實。太晚修剪殘花會讓新芽無法生長，導致難以再次開花。雖然是一項避免結果實以維持植株活力的作業，但對一季開花性及古典玫瑰等品種而言，還具有去除病蟲害的目的。

8 摘心
→ P134

目　的	增加花量 調整花期
最適時期	對中、強剪後長出的枝條，摘心及摘蕾。
方　法	輕輕地摘除新生枝條的前端，花蕾長至 1.5 公分左右便予以摘除，藉此調整花期，增加開花數量。

5 除芽（摘除腋芽）
→ P136

目　的	打造健壯植株
最適時期	在中剪及強剪之後的 2〜3 週進行
方　法	從修剪後冒出的新芽中，摘除多餘的芽及不定芽。與修剪同樣具有修整樹形、賦予枝條良好日照與通風、預防病蟲害、讓花朵美麗綻放的效果，也是一項整理過多開花枝的作業。

7 基肥
→ P115

目　的	土壤改良 營養補給
最適時期	中剪及強剪之後施放
方　法	秋、春修剪後，挖溝或施灑有機長效顆粒肥。

輕摘心與重摘心

摘心視其摘取深度（位置），可分為輕摘心及重摘心。輕摘心，是趁枝條幼嫩時，用手指將枝條頂端（淺處）捏取摘除。

重摘心，則是於枝條深處予以摘除。選擇較深的位置是為了控制樹勢，當枝條變硬時也可使用剪刀。

單靠輕摘心無法控制樹勢，當植株長得太高時，請搭配進行重摘心作業。

摘除枝條頂端後，從下方的葉側長出新枝。

日常管理 ❶

打造良好樹形

筍芽的摘心

用摘心培育筍芽

從植株基部長出的筍芽，是活力充沛的枝條。任其自由生長，枝條會分岔成掃帚狀，並於頂部形成許多花芽。花芽一多，營養就會分散，導致枝條自身的成長漸趨虛弱。此外，枝條過於雜亂，也是發生病害的一大原因。

有鑑於此，趁筍芽幼嫩時摘除頂芽，預防枝條變成掃帚狀。摘除後，會從切口下方的葉子旁（葉腋）長出新的枝條。待此枝條長到適當高度時再予以摘心。摘心的時期，差不多等頂部花蕾變成紅豆狀時方可執行。反覆進行2～3次摘心，可讓枝條長得更強健，同時長出許多葉片。

筍芽，是將來會成為主幹（主枝）、開花、行光合作用、打造樹形的枝條。當筍芽長出來時，請趁幼嫩進行摘心，讓枝條愈發結實。

何謂筍芽？

玫瑰栽培中所謂的新梢，指的是新生的強健枝條。有從植株基部附近長出的筍芽，以及於較高位置長出的腋芽。只不過，哪段範圍長出的新梢算是筍芽，哪個部位以上算是腋芽，並無明確的區分。

除了盛夏高溫期以外，秋季到春季都是新梢的萌發期。一季開花性的蔓性玫瑰、古典玫瑰、灌木型的英國玫瑰，筍芽基本上是任其自由生長；四季開花性的玫瑰，新梢須進行摘心以打造良好樹形。

5月上旬左右
綻放2次花的植株

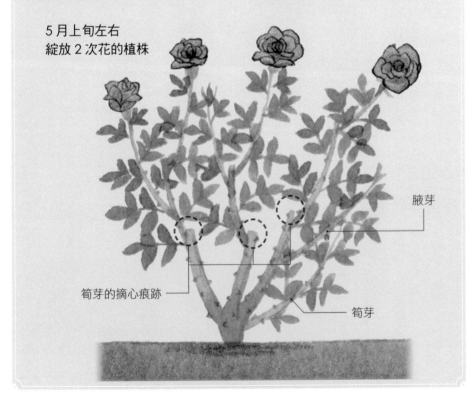

腋芽

筍芽

筍芽的摘心痕跡

筍芽的摘心

多數的四季開花性品種，春季開花後會開始
冒出筍芽。請趁刺仍然柔軟時進行軟摘心。
差不多等頂部花蕾變成紅豆狀時方可執行，
不過若是新手，建議還是盡早摘除。

筍芽生長時期，必須注意避免乾燥。栽種於
庭園的植株，若遇到持續乾燥的天候狀況，
請 2～3 天澆水 1 次。

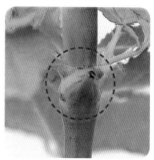

成長的樣貌＜摘心的痕跡＞

從葉腋長出的枝條生長後，摘心後的
枝條殘餘部分會脫落，枝條變筆直，
幾乎看不出摘心的痕跡。

枝條前端摘心之後，從葉腋長出新的
枝條。

在這附近進
行摘心

1 萌發新苗的筍芽。從植株
接地處冒出。

2 伸長至 30 公分左右，於
頂部形成花蕾。

3 不要用指甲壓，以指腹彎
折枝條折取下來。注意別
觸碰到切口處。

玫瑰專家鈴木的
秘藏知識分享

並非所有玫瑰都會新梢更新

四季開花性的玫瑰，隨著新生筍芽的成長，老
舊枝條會衰竭枯萎。像這樣老枝枯萎，整體植株
汰換為新枝的過程，就稱為新梢更新。

以前，玫瑰被認為一定會進行新梢更新。但實
際上，也有變成株後每年持續長出新梢的品種，
以及幾乎不長或偶爾才長新梢的品種。新梢的生
長方式，視品種而有極大差異。新梢生長方式不
同，修剪等管理方式也須隨之改變。

經常萌發新梢的品種，因經年持續汰換新舊枝
條，故枝條壽命較短；另一方面，不太會長新梢
的品種，各個枝條緩緩生長，因此枝條壽命較長。
現在這類品種也愈來愈多。

新梢的摘心

從幼苗至成株

比起開花，打造健壯植株才是基本原則

玫瑰從新苗、大苗到成株約須3年時間。這段期間的培育重點，是盡量避免開花。幼苗階段若接二連三的開花，花朵會瓜分能量導致生長遲緩。因此，趁植株還年輕時，摘除花蕾避免開花、使其增長葉片、培育結實植株，才是最重要的任務。

玫瑰須替新梢（新枝）進行摘心作業，同時摘除枝條頂部的花蕾，藉此徹底抑制開花。摘心後，會從切口下方的葉腋長出新枝，枝條變高，葉片數量亦隨之增加。葉子增加就能行更多的光合作用，讓植株健壯結實。

新苗的成長與新梢的萌發

左圖是一般常見的新苗成長與新梢萌發模式。實際上會隨生長環境的氣溫、氣候條件、養分及水分管理等栽培條件而有所差異。

第一年　購入新苗

春～夏
摘心部位的腋芽會開始活動，同時增生葉片。春～夏的筍芽、花蕾以輕摘心處理。

春
4～6月時栽種的玫瑰，一旦冒出花蕾或新芽就須摘除。

第三年　兩年後

冬
於枝條低處（高處）進行冬季修剪。頭一年就長出的老枝也可切除。

夏～秋
修剪殘花使其綻放2次花。若長出筍芽須予以摘心。

春
新梢開出第一輪的花。摘除殘留枝條長出的花蕾。

玫瑰專家鈴木的
秘藏知識分享

獨自長出的
大苗新芽請摘除

　　較晚進行冬季修剪的植株，待 4 月氣溫開始回升，可能會出現新芽不集體生長，而是單一個芽獨自生長、形成花蕾。遇到這種情況時，請於此新芽頂端 5～10 公分處進行摘心。

　　只有單一個芽先行生長，植株的營養會被該芽吸收，導致其他的芽變得虛弱。芽的生長一旦出現

落差，植株整體視覺美觀就會失衡。為了解決此狀況，請將生長過快的新芽摘除。若修剪不完善，數日後進行二次修剪時還是會發生。

獨自長出的新芽。

於新芽頂端 5～10 公分左右的位置摘除。

第二年　隔年

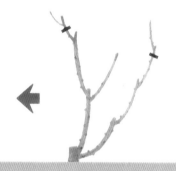

冬

冬季修剪是將新梢修剪至約 1 公尺高，其餘枝條則稍作修剪。

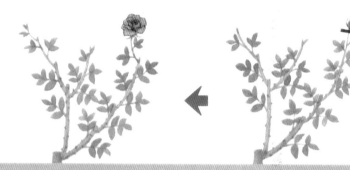

秋～冬

9 月以後冒出的花蕾不使其開花，讓植株結實茂盛。增生葉片可充分禦寒。

夏～秋

到秋季為止進行 2～3 次摘心。

第四年

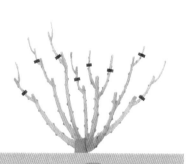

冬

利用冬季修剪將高約 1.2 公尺的筍芽稍微修短。到此幾乎已是成株。

夏～秋

新梢於 8 月前完成摘心，讓之後長出的枝條開花。

春

開出第一輪的花，同時長出直徑約 1 公分的粗筍芽，故須進行摘心。

除芽作業

去除不需要的芽

除芽的基本原則是一節僅留一個芽

玫瑰通常一個節會準備3個芽，只有中間的芽會發育。只不過，視寒冷或乾燥等氣候條件，也有3個一起生長，或是中間芽因冷衰弱而使殘留的兩個芽持續生長的情況。

此時，請留下生長狀況最為良好的芽，其餘則摘除。若是3個同時生長的情況，則留下中間的芽。

除芽是在新芽開始生長時進行，古典玫瑰及野生種不須進行除芽作業。除了一般的除芽外，不定芽及砧木芽也須除芽。請觀察苗與植株，適時進行除芽作業。

多餘的芽置之不理，伸長的枝條會變細。

枝條過於雜亂，日照與通風會變差，也可能導致病害的發生。芽變活絡、新芽開始生長之際，請進行除芽作業，將不需要的芽摘除。

除芽的方法

除芽時請使用指腹，輕輕捏壓芽的基部就能摘除。若用指甲，小心切口處會混入雜菌。

1 因為長出3個芽，故要將兩側的芽摘除。

2 用指頭捏住芽❶的基部，輕輕施壓後摘除。

3 除芽後的芽❶。比照相同方法摘除前面的芽❸。僅保留結實的芽❷。

◈ 若不除芽……

☐ 枝條會變細

☐ 大輪種玫瑰，花會變小

☐ 一莖多花的品種，開花況會變差

☐ 枝條紊亂，日照通風變差

若將❶去除，❷會變得更粗。

因寒冷停止生長的芽，
其依附的枝條頂端
不需要切除

芽開始生長後，若中間的芽因寒冷而停止生長，有人會從芽的下方將枝條切除，其實不可以切除。這個時期會往上吸取樹汁，切除枝條會導致樹汁外流。植株為了修復損傷會消耗體力，反而讓生長變慢。不切除枝條，而是進行除芽使其僅保留一個芽，之後順其自然地生長即可。

❶是已經停止生長的芽。葉片變得了無生氣。旁邊的2個芽（❷、❸）還持續生長。

有人會從紅線位置將枝條切除，其實沒有這個必要。先決定❷和❸要留下哪一個，再將其餘2個芽去除。

砧木芽的除芽

培育嫁接苗時，會從嫁接處下方長芽。這種從砧木長出的芽就稱為砧木芽。砧木芽置之不理，會搶走從根部吸取的養分及水分，導致嫁接於砧木上的品種生長欠佳。一發現砧木芽請立刻摘除。

從標準樹形砧木長出的砧木芽。小砧木芽也須摘除。

長出不定芽時

玫瑰通常會在葉子旁邊（葉腋）長出芽，偶爾也會在葉腋以外的地方冒出來，這種芽稱為不定芽。原因有很多，也可能是修剪方法所致。下方照片中的枝條長出許多不定芽，若養分不足，所有的芽都會發育不良。此時，只留下枝條頂端的一個芽，其餘全部摘除，否則全部都會變成細枝條。

1 長出多數芽會浪費養分。

2 摘除枝條上不需要的芽。

3 只留下頂端的一個芽。

摘除花蕾

長時間賞花的技巧

四季開花性品種是為了調整花期

大輪玫瑰這類大輪品種，也有單一花枝結多個花蕾的品種。讓所有花蕾開花，花朵會變小，因此須減少花蕾數量。留下枝條頂端較大的花蕾，下方的花蕾全部摘除。花蕾數量一旦減少，養分便會集中，進而綻放碩大的花朵。

若要讓許多花枝一同伸長、花朵一次盛開時，請摘除2成左右的花蕾以調整開花狀況。花朵一起綻放會消耗植株體力，導致下次的花況不佳。花蕾在隱約可見時摘除，約一週後可再次開花。藉由一點一點地調整開花時間，即可長久享受賞花樂趣。

玫瑰栽培中，有時會在花蕾階段進行摘蕾作業。為了長時間欣賞玫瑰，不只是使其開花，同時還須意識到植株的健康狀態。這便是摘蕾作業的目的。

新苗的摘蕾

摘蕾的時期，約是花蕾直徑達 1.5 公分左右的時候。過早摘蕾，摘除後花枝仍會持續伸長，請看準適當時機進行摘蕾作業。

1　6月上旬，新苗換盆後約 40 天，花蕾變大。

2　避免用指尖劃到莖幹，用指腹摘除花蕾。

3　不可硬扯，而是彎折花蕾下方部分將其摘取下來。

◈ 摘蕾的主要目的

☐ 避免長出筍芽

☐ 避免開花，保持植株體力

☐ 調整花期，以長時間賞花

☐ 有助於盡早從病害中復元

春季開始生長的枝條中，有的花芽會中途停止生長。這種稱為盲枝，是停止開花、回歸營養生長的枝條。

盲枝，起因於日照不足及劇烈的溫度變化。此外，植物中的肥料或水分過多，會有抑制繁殖生長、回歸營養生長的性質。也就是與其開花，更著重於自身的成長。

出現盲枝，表示植株考慮到自身的營養狀態，而停止繁殖生長。若植株營養狀態及條件良好，則會長出新芽。若切除盲枝，葉片數量會減少，影響花開方式及生長，因此不要修剪，待新芽冒出後進行除芽作業即可。

盲枝的摘芽

1 芽停止發育，只有葉片持續生長的盲枝。約一週後會從箭頭所示部位長出新芽。

2 長出2個腋芽的狀態。摘除其中一個，培育留存的芽。

Point

長得很高的芽也是，若有2根時，請將較虛弱的芽摘除。

玫瑰專家鈴木的
秘藏知識分享

幼苗期可分為
繁花盛開期及避免開花期

新苗或大苗栽種後，請於9月左右進行摘蕾作業，促進葉片生長。或許你會認為摘除好不容易長出的花蕾很可惜，其實不然。尚處幼苗階段，使其開花反而比較可憐，因為開花需要消耗體力，導致植株生長變慢。為了培育健壯的植株，增加葉片、促進光合作用，讓植株生長結實才是第一要務。但是，若過了9月尚未摘除花蕾，則順其自然開花，藉由開花及留存大量葉片來增加耐寒性。

開花後的修剪作業

使其再次綻放花朵

玫瑰的殘花置之不理，會結果實。

如此，就不會長出新芽，自然無法結果實會消耗養分，因此無法再次開花。四季開花性及重複開花品種，花開後請修剪殘花。

開花後修剪若太晚進行，可能會造成枝條進入假性休眠狀態。一旦再次綻放美麗花朵。為了使其反覆開花，增加賞花時間，盡早修剪殘花非常重要。此外，修剪下來的殘花，請務必集中處理掉。棄置庭園或盆器內，可能因此導致灰黴病與果。

薊馬等病害蟲擴散。

野生種、一季開花性、部分古典玫瑰，目的是為了欣賞果實，因此開花後不修剪也無妨。開花後修剪，也具有抑制病蟲害擴大的效

殘花，指的是盛開後凋零的花朵。四季開花性玫瑰藉由修剪殘花，促使形成下次的花芽。花凋謝後盡早修剪殘花，以反覆享受開花的樂趣。

開花後修剪殘花

◇ 開花後修剪的主要目的

- ☐ 培育新的花芽
- ☐ 殘留大量葉片
- ☐ 修整樹形外觀
- ☐ 抑制病蟲害的擴散
- ☐ 秋季時進行是為了消除病害

一莖多花型的開花後修剪

中輪豐花玫瑰這類一莖多花型的品種，進行開花後修剪時，可一次修剪整根花莖，也可逐一修剪殘花。

直接修剪
開有多朵花的花莖

於花枝中間位置，5片葉的上方處進行修剪。若沒有5片葉，也可於3片葉的上方進行修剪。

逐一
修剪花朵

單一花莖開過後，花朵與花蕾混雜時，先逐一修剪殘花，最後再修剪整根枝條。

1

5 月中旬～下旬，於開花枝中間的 5 片葉上方進行修剪。修剪殘花後，30 ～ 40 天左右會再次綻放。

2

6 月下旬～ 7 月上旬，於開花枝中間的 5 片葉上方進行修剪。修剪殘花後，28 ～ 30 天左右會再次綻放。

3

進入 8 月，請從花頸下方處進行修剪。為了等待秋季修剪，必須保留長一點的枝條。

Point

寒冷地帶，晚秋的開花是必要的

寒冷地帶，晚秋也須使其開花。開花會讓枝條變結實，植株較不容易遭受寒害。請讓花綻放，迎接年度的結束吧。

春、夏的開花後修剪

春、夏的開花後修剪請趁早進行，花朵開始綻放就盡可能早點修剪。修剪可促使新花芽的形成。

開花後修剪到下次開花的時間，會隨氣溫而有所差異。一次花開花後修剪到二次花綻放，通常是 40 天左右，若氣溫高時約 30 天，低的話則約莫 45 天。此外，修剪位置也會影響下次的開花時間。

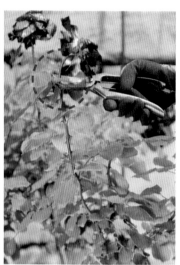

通常是從開花枝約一半的位置進行修剪。切口下方的葉腋會長出新芽，約 1 個半月後綻放二次花。

一進入 8 月，從花頸下方長出第一片葉子的位置進行修剪。

晚秋的開花後修剪

秋季 11 月的殘花，是從花頸正下方位置進行修剪。若是比 11 月氣溫略高的 10 月下旬，花朵下方的葉腋可能會長花芽且開花，就把它當作額外奉送的小驚喜吧。11 月並非結果實的時期，此時進行開花後修剪，是為了去除感染灰黴病的花瓣。

晚秋的開花後修剪，請於花頸下方、花枝最上方的葉片上方位置進行修剪。

修剪❶

維持樹形以保健康
修剪作業的必要性

玫瑰的修剪，是為了去除老枝及多餘枝條，維持健康狀態，促進繁花美麗綻放的作業。請清楚判別欲留下的枝條及須去除的枝條，完成修剪作業。

修整老枝與整頓環境

玫瑰，基本上不修剪還是會開花。只不過，未經修剪任其開花，雖然花朵數量會變多，但是每一朵花會變小，花瓣數也會減少。為了開出符合各式品種的花瓣數、顏色、形狀及香氣，透過修剪限制花朵數量、集中養分非常重要。

此外，藉由去除劣化枝條，能夠促進枝條更新，讓整體植株健壯結實。整理多餘枝條及雜亂枝條，讓植株內部也可接觸日照、維持良好通風，不僅能夠提高光合作用，同時也具有抑制病蟲害的效果。

四季開花性的玫瑰，透過修剪可維持美麗的樹形。

秋季中修剪與冬季強修剪

中修剪 ➡ P144

僅限四季開花性玫瑰進行的作業，目的是替秋季的開花期做準備，使其開花狀況良好。整體中修剪（於枝條偏高位置處修剪）是重點所在。

強修剪 ➡ P150

為了讓春季的花朵美麗盛開，同時修整樹形維持植株健康。去除劣化枝條及多餘枝條、修剪位置較深，修剪規模大於中修剪。蔓性玫瑰比樹型玫瑰更早進行修剪，同時一併進行誘引作業。

※ 冬季修剪，也稱為春季修剪。

修剪用具

剪定鋏	MEMO 準備品質良好、使用順手的款式（➡ P37）。
鋸子（大、小）	MEMO 切除枯枝、粗枝時使用。
手套、袖套、麻線、棕櫚繩	

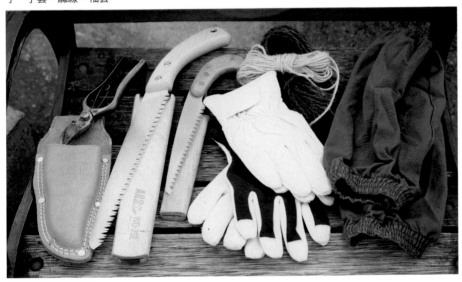

由左至右依序為，剪定鋏、大鋸子、小鋸子、手套、麻線、袖套。

玫瑰修剪的基礎

於前年切口上方約5公分處修剪

每年持續維持健康狀態的枝條，請從前年修剪後的切口上方約5公分處進行修剪。修剪時雖然會留下數個芽，但有的品種在適當位置並沒有長芽，此時也可修剪得比5公分還長。新梢的修剪，基本上是對齊整體高度，但考慮到隔年、後年的修剪位置，可修剪得稍短一些。

❶ 在前年的切口上方約5公分處修剪。切口漂亮地修剪。
❷ 前年（1年前）修剪的切口。

讓修剪後的切口俐落美觀

切除枝條時，請用剪定鋏水平修剪。也有於芽的上方5公釐處、與芽的走向平行切除的方法，但是不必過於拘泥。

剪定鋏盡量使用鋒利好剪的款式，讓修剪結果俐落美觀。修剪粗枝條時，讓剪定鋏的利刃稍微傾斜會比較容易修剪，但是勉強使用剪定鋏，可能會讓切口顯得粗糙乾燥，建議使用鋸子鋸斷。

Point

外芽與內芽

枝條上的芽，朝植株內側生長的稱為內芽，朝植株外側生長的稱為外芽。

矮叢型玫瑰，屬於枝條直立的品種，請盡量於外芽上方進行修剪。只不過，枝條橫向生長的品種，外芽與內芽不會均衡生長，花開時會產生落差。此外，直立的品種即使修剪外芽，其下方的芽也會朝內側冒出來，讓中心變得雜亂。此時，請用除芽（➡P136）等方式來調整。

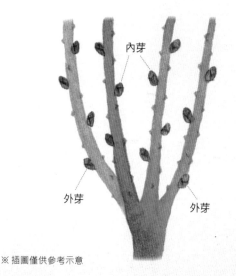

內芽

外芽

外芽

※ 插圖僅供參考示意

玫瑰專家鈴木的
秘藏知識分享

皮革手套
仔細搓揉
使其更合手

玫瑰照料不可或缺的手套，建議挑選銳刺不易刺穿的皮革製品。愈用會愈軟、愈合手，綑綁線繩的作業也變得更容易。

新的皮革手套，先泡水後不擰乾使其自然風乾。這麼做的話，變乾時雖然會變得較為鬆垮，但是仔細搓揉後會變軟，讓皮革手套更合手。

手套是用來保護雙手不被玫瑰刺傷，盡量挑選品質良好、可長久使用的製品。

秋季中修剪的時期

預想秋季的開花期來決定

秋季的中修剪，是為了之後花期讓花一齊漂亮綻放。基本上，此時需要修剪的只有四季開花性的品種，替葉片健康繁茂的植株進行修剪。

中修剪的最適時期是9月中、下旬左右

秋季玫瑰，日本關東地區最理想的開花期是10月中旬～11月上旬。

從修剪到開花約須1個半月以上，因此夏季修剪最適時期，關東地區約是9月1日～9月10日左右。關東東部許多地方在11月15日前後會開始降霜，若過晚修剪，花可能還沒盛開冬天就來了。最遲請在9月中旬前完成修剪。

反之，在8月期間進行修剪，因尚處高溫夏季，約1個月就會開花，也就是9月中旬就會綻放。這種情況下的生長期過短，花無法開得很漂亮。只不過，視品種而定，也有在8月25日前後不修剪則無法開花的品種。

氣溫變化隨地區及氣候條件而有所差異，請根據所在地找出最適當的修剪時期。註台灣栽培建議在9月下旬再做中修剪。

秋季修剪的時期

中修剪之前，請持續每天澆水以免枝條休眠，維持容易長出許多新芽與新梢的狀態。持續澆水的植株，修剪後容易長出新芽。

適合期	修剪時期	開花時期	花的狀態
	8月中	20幾天	高溫期開的花，花朵小且花色欠佳。
	9月上旬	1個月	高溫期開的花，花朵小且花色欠佳。
9月中、下旬以後	1個半月以上	秋季的花，花朵與葉片碩大，花色也變得鮮豔。

註 上表為台灣的情況。

Point

葉片掉落的虛弱植株

夏季會掉葉片的植株，可能是因為染上黑點病等病害而變得虛弱。這類植株不採取為了在秋季開花的中修剪，而是避免植株更加虛弱的應變修剪。適合修剪的時期，以早於一般秋季修剪的8月中旬左右為佳。

修剪要訣在於淺修。僅修剪柔軟枝條的前端部分，且最多修剪掉20公分左右即可。接著再將長出的芽摘除。開花會讓植株變虛弱，摘除花蕾有利於葉片增長。

需要趁早修剪的品種

視品種而定，有的在修剪後，會比其他品種更慢長花芽。這類品種，請在早於最適時期的8月25日左右進行修剪。

● 我的花園（My Garden）
● 衛城浪漫（Acropolis Romantica）
● 伊豆舞孃（Dancing Girl of Izu.）
● 頑皮豹（Pink Panther）等品種

秋季修剪的 6 大基本要點

1 修剪葉片繁茂的植株

葉片凋落的植株，有不少是因病害而虛弱的植株。因此基本上，以葉片繁茂的健壯植株為修剪目標。

2 修剪生長中的枝條

停止生長的枝條，切口變黑。因乾燥的影響及開花後修剪較遲，使枝條呈現休眠狀態。

切口乾燥發黑的枝條，是停止生長的枝條。這類枝條擱著不須處理，僅修剪朝外側持續生長的枝條即可。往植株內部生長的枝條，則維持原狀。

3 修剪二次花或三次花的枝條

枝條的修剪位置。考量到樹高，替二次花或三次花的枝條進行修剪。

考量到樹形及樹高，開過二次花或三次花的枝條也予以修剪。深剪會讓長花芽的時間變長，使其在開花前迎接冬季。已經結果實的枝條，也可只摘除果實。

4 不殘留新芽

修剪時期內鼓起或開始生長的芽，就這樣留下來的話，就會提前開花。為了讓秋季的花以秋季形成的芽來綻放，請先將新芽摘除。修剪途中若發現枝條上有鼓起的芽，也請不要殘留，於該芽下方進行修剪。

5 不須在意外芽及內芽

修剪枝條時，不需要在意是外芽還是內芽。倒不如讓內芽與外芽均衡地保留，使整棵玫瑰樹開滿花朵。

6 讓整體植株都能接受日照

修剪成前低後高的形式，讓整體植株容易接受日照。360 度環視的植株，則修剪成外低內高的形式，讓植株內側也可接觸日照。

各種玫瑰樹形的

秋季中修剪重點

第一次臉紅
First Blush

修剪前

2 棵並排的同品種植株。偏上方處開有花朵的枝條綿延伸長。

修剪後

左側是經修剪的植株。秋季修剪，於較高位置修剪是重點所在。

秋季修剪的重點

柔軟枝條予以深剪，且不需要在意外芽或內芽。

隔年的冬季修剪
→ P152

接近成株的庭園栽種植株，以及盆植栽種之幼株的秋季修剪。幼株的秋季修剪，只須修剪欲使其開花的枝條，其餘枝條的花蕾予以摘除；修剪後的枝條，也只須保留一個花蕾。

146

修剪檔案

樹形：灌木型玫瑰

系統：英國玫瑰　　　　品種

年數：栽種第 3 年

瑞典女王
Queen of Sweden

　英國玫瑰中，有的品種可進行秋季修剪，有的則否。此外，在未發芽的狀態下修剪會無法開花，因此這類植株不必進行秋季修剪。

修剪前　所有植株皆為相同品種。埋藏在植株內的枝條不必修剪，僅修剪植株外側軟弱無力的枝條。

修剪後　左側是經修剪的植株。考量到觀賞角度（前方），修剪成前低後高的樹形。

隔年的
冬季修剪
↓
P164

修剪檔案

樹形：矮叢型玫瑰
系統：大輪玫瑰
年數：換盆後約 4 個半月的新苗

| 品種 | 婚禮鐘聲
Wedding Bells |

**修剪
模式
1**

盆植栽種的植株

　　替 4 月換盆後置於陽台的新苗進行修剪。由於是置放在陽台這類受侷限的空間，故修剪至高約 60 公分的小巧樹形。

 修剪前　先用植株中心的枝條來決定高度，再以此為基準，修剪成平整的高度。

修剪後　枝條高度修剪得整齊一致。往外竄出延伸的枝條也予以修剪。

隔年的
冬季修剪
↓
P151

**秋季修剪
的重點**

春～夏季伸長的筍芽，修剪前端使其符合植株的高度。

花莖一旦生長，花會在高約 100 ～ 120 公分左右的位置綻放。

修剪
模式
2

預計栽種於庭園的植株

替 4 月換過盆,預定 9 月栽種於庭園的新苗進行修剪。庭園栽種的樹高希望高一些,因此修剪成約 1 公尺高,同時考量到花的觀賞方向而使樹形前低、後高。

修剪前 在 4 月換過盆的新苗,已成長至約 120 公分高。

修剪後 留下約大人拇指粗細的枝條作為主幹,整體修剪成約 1 公尺高。此高度持續生長 2、3 年後,約可長至 150 ～ 160 公分高。

隔年的
冬季修剪
↓
P151

修剪檔案

樹形:矮叢型玫瑰	
系統:中輪豐花玫瑰	品種
年數:換盆約 4 個半月的大苗	

小特里亞農宮
Petit Trianon

修剪前 4 月下旬換過盆的大苗,打算繼續種在目前的 8 寸盆而進行修剪。

修剪後 修剪時隨時意識到硬枝高、軟枝低、粗枝高、細枝低。修剪至約 70 公分高,花會在高約 100 ～ 110 公分處綻放。

隔年的
冬季修剪
↓
P155

在春季新芽開始活動前

冬季的強剪作業

冬季修剪的目的，是藉由限制花數使其在春季綻放美麗的花朵，同時也是為了打造今年與明年的枝條。請去除多餘枝條，讓植株維持健康狀態。

冬季修剪的最適時期是 11 月底～2 月

枝條過多會分散植株體力，無法綻放美麗的花朵。冬季修剪最重要的，是判別多餘的枝條及欲留下的枝條，減化植株整體的枝條數量。

秋季沒有開花的枝條、柔軟的枝條，屬於不必要的枝條，請從枝條基部修剪。需要留下來的枝條，是秋季開過花的枝條、以及紅色樹皮上長出的枝條。秋季開花後，接觸寒風轉為紅色的是健康的枝條。

修整不必要的枝條，以前年的修剪位置為基準，將高度修剪整齊。

冬季修剪在芽開始生長前為最適時期（因台灣南部較早，約11月底；北部較晚，約1～2月進行），最遲在2月底前完成。

蔓性玫瑰，由於會一併進行誘引（→P170），請於11月底～2月進行。

◇ **冬季修剪的主要目的**

☐ 限制花數，使其綻放漂亮花朵

☐ 去除不必要的枝條，讓植株維持健康活力

☐ 修整枝條，
讓整體植株保持良好日照與通風

☐ 修整樹形

各種玫瑰的修剪標準

原生種

不必全部修剪，僅須修剪傾倒的枝條與枯萎的枝條。新枝條留下，也不修剪枝條前端。

灌木型玫瑰

半蔓性且多柔韌枝條的灌木型玫瑰，約修剪成一半高度。

矮叢型玫瑰 大輪玫瑰

花朵大的大輪玫瑰，約修剪成一半高度。

矮叢型玫瑰 中輪豐花玫瑰

會開很多花的中輪豐花玫瑰，從枝條前端修剪至約1/3～一半的高度。

矮叢型玫瑰 迷你玫瑰

約修剪成一半高度。中心略高、外側略低，讓植株呈現渾圓狀。

冬季修剪的範本

庭園栽種與盆植栽種的修剪方式有所差異。庭園栽種可保留較多枝條，於較高位置修剪；盆植栽種則是修剪得精簡小巧。

修剪檔案

樹形：矮叢型玫瑰	
系統：大輪玫瑰	品種 **婚禮鐘聲** Wedding Bells
年數：換盆後約10個半月的新苗	

庭園栽種

修剪前 前年4月換盆的新苗，預計於秋季栽種於庭園（秋季修剪 ➡ P149）。枝條全部修剪掉，植株不會變大。要使其於春季開花，則只修剪先前修剪過的枝條，剩餘的枝條摘除花蕾。

修剪後 由於還不是成株，為使其增生葉片，而保留較多的細枝。修整枝條後，為了預防病蟲害，葉片也一併去除。

盆植栽種

修剪前 前年4月換盆的新苗。生長至100～120公分左右，枝條結實地發育。因屬大輪種，故修剪細枝，留下直徑約8公釐以上的枝條。

修剪後 高度修剪至約1/3高，葉片也全部去除。因為是盆植栽種，故修整成低矮的狀態。

成長的樣貌（春天）
1月上旬修剪過後約4個月，5月上旬的樣子。

修剪前

花莖長至 2 公尺以上。

栽種 4 年的植株。

冬季修剪
的重點

樹皮變紅的是健康的植株，這類枝條請保留下來。

修剪中

陽光可照射進植株內部。

枝條修剪完畢的狀態。

老枝與粗枝較多，建議使用鋸子。

以矮叢型玫瑰的大輪玫瑰「第一次臉紅（First Blush）」為例，解說冬季修剪的重點。

秋季修剪（→P146）過後約 4 個月的狀態。

1
一開始先整理枝條

枯萎及細小的枝條都不需要留著。枝條雜亂處，僅留下強壯及健康的枝條，其餘修剪掉以減少枝條數量。秋天開過花的枝條也留著。不必要的枝條請從基部進行修剪。

修剪至剩餘約 5 公分長

此枝條偏下位置沒有冒出新芽，故於略高位置進行修剪。

2
基本修剪原則是保留 2～3 個芽

前年生長、於春季開過一次花的枝條，修剪至約 5 公分左右的長度（芽留下 2～3 個）。

部分品種的枝條偏下方位置不會長芽，當欲下刀的地方沒有芽時，則於稍微偏上的位置進行修剪。修剪時，於芽的上方約 5 公釐處下刀。

3 觀察整體植株 來決定修剪位置

粗枝條、硬枝條、過早長出的枝條，於偏高位置修剪；細枝條、軟枝條、較慢長出（9～10月左右）的枝條，則於偏低位置修剪。庭園栽種的植株，修剪成前低後高的樹形，讓日照及通風變好。

於偏高位置修剪稱為「弱剪」，於偏低位置修剪稱為「強剪」。

4 新梢修短

新梢考量到隔年及後年的修剪，請預先修短一點。尤其是不會培育過大的盆栽植株，整體修矮一點為佳。

5 修剪後 將葉片全數摘除

葉片基部與托葉部分，會有病原菌、蚜蟲、葉蟎等害蟲附著越冬。為了預防病蟲害，修剪後的植株請將葉片全部摘除。

修剪後

修剪完成的狀態。葉片全部去除。

右側是相同品種修剪前的植株。可看出約修剪成一半的高度。當花莖生長至1公尺左右會開花，之後再利用開花後修剪來調節高度。

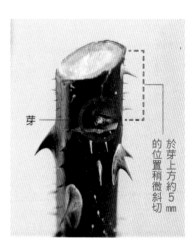

芽

於芽上方約5mm的位置稍微斜切

直立性品種利用外芽（➡P143）來修剪，修剪後下方的內芽會生長，此時可利用摘芽來調節。

保留較多枝條數量

盆植栽種的冬季修剪

樹形：矮叢型玫瑰	品種	迷人的夜晚
系統：中輪豐花玫瑰		Enchanted Evening
年數：晚秋的大苗		

9 月底開始在市面上流通的大苗，到了晚秋會長出葉片。長出新葉的枝條，修剪至殘留約 1 公分左右。到了春季會從枝腋發出新芽。

修剪前

長出新芽、帶有葉片的大苗。

修剪後

將秋季長出的芽修剪掉。

冬季修剪的重點

只修剪細枝條的前端，殘留約 1 公分左右的長度，並且摘除所有葉片。

比起庭園栽種的玫瑰，盆植栽種的枝條通常比較細，植株壽命也較短。也因此，管理重點在於細心呵護每一根枝條，長時間享受賞花樂趣。

修剪前　此品種是弱剪後會開許多花的類型。

修剪檔案

樹形：矮叢型玫瑰
系統：中輪豐花玫瑰
年數：換盆後 10 個月的大苗

品種　**小特里亞農宮**
Petit Trianon

與從新苗開始生長的植株不同，長有前年留下的枝條。由於是一直種在 8 寸盆的盆植玫瑰，因此將枝條修得高一些，使其與庭園玫瑰以相同的狀態綻放花朵。枝條歷經多年變得較細，故須再做細微的修剪。

冬季修剪的重點

枝條修高一些，使其如同庭園玫瑰般大量盛開。

修剪後　有別於一般小型盆栽，是讓許多枝條往外生長的修剪方法。

修剪檔案

樹形：矮叢型玫瑰
系統：中輪豐花玫瑰
年數：換盆後 10 個月的新苗

品種　**淡粉紅吸引力**
Blushing Knock Out

修剪前

雖然有許多枝條，但都是前年生長的枝條。

前年 4 月下旬換盆以培育新苗的植株，全都是前年的枝條。若是大輪品種，枝條粗約 8 公釐的花莖會開得比較漂亮，但因為是中輪品種，所以 6 公釐的枝條也保留。

冬季修剪的重點

枝條於偏高處修剪。這是為了使其與庭園玫瑰般大量綻放的修剪方法。即使是盆植栽種，也可讓植株展現繁華氣勢。

修剪後

保留多數枝條，使花朵能大量盛開。

為了打造強健植株
幼苗時期的冬季修剪

修剪檔案

樹形：矮叢型玫瑰	品種	**熱情**
系統：大輪玫瑰		Netsujo
年數：栽種第 2 年		

雖然是生長迅速的品種，但由於尚處幼苗階段，故使其大量增生葉片。修剪目的是為了讓植株強健結實，故先修整不必要的枝條，再弱剪使其長出葉片。

修剪中

不必要枝條修剪過後的狀態。細枝條還有用處故予以保留。

修剪前　管理方式是使其長有許多葉片，並且保留細枝條。

修剪後　整體弱剪，保留多數枝條。葉片摘除。

雖然視品種而有所差異，但玫瑰基本上，從新苗、大苗長至成株約須3年的時間。這段期間為了使其增生大量葉片以利光合作用，請於高處位置進行修剪，細枝條也予以保留。

修剪檔案

樹形：矮叢型玫瑰
系統：英國玫瑰
年數：栽種第 2 年

品種

黃色鈕扣
Yellow Button

尚處幼苗階段，故僅作簡單修剪。一進入春季，只讓一根枝條開花，其餘枝條的花蕾全數摘除，有助於植株結實生長。

修剪前　因為是幼苗，故保留不少枝條，並使其於高處長出許多葉片。

修剪後　不縮減枝條數量，細枝條也保留下來。

成長的樣貌（春天）
1 月上旬修剪過後約 4 個月，
5 月上旬的樣子。

修剪檔案
樹形：矮叢型玫瑰
系統：中輪豐花玫瑰
年數：栽種第 3 年

品種　　**宇宙**
KOSMOS

　　此品種若給予大量肥料與水分，3 年就足以長至成株，但由於沒有急速成長的必要，所以不太施用肥料，將樹高培育地稍矮一些。未來一年左右還有必要讓植株長有許多葉片，因此即便是第 3 年，仍保留長枝條與大量葉片。春季～夏季摘除花蕾，減少花數，讓植株長大。

修剪中

不必要枝條修剪過後的狀態。保留細枝條，僅修剪植株基部雜亂的枝條。

修剪前　雖然是第 3 年，但樹形不高，同時使其長有許多葉片。

修剪後　雖是大輪品種，但目前仍須使其長出許多枝條，因此弱剪即可。

修剪檔案

樹形：矮叢型玫瑰
系統：英國玫瑰
年數：栽種第 3 年

| 品種 | 寧靜
Tranquillity |

此品種未經完整 3 年無法長至成株，因此目前尚屬發育的植株。為了讓植株結實生長，於略高的位置進行修剪，同時剪除細枝。主幹保留 3 根左右，作為增生葉片的枝條，加上將來預計使其生長至約 1 公尺高，故於略高的位置下刀。

 修剪前　歷經完整 2 年，
接近成株。

修剪後　為了培育長有許多葉片的植株，於枝條偏高處修剪筍芽。

冬季修剪
的重點　主幹保留 3 根左右，並將細小枝條修剪掉。

成長的樣貌（春天）
1 月上旬修剪過後約 4 個月，
5 月上旬的樣子。

大輪玫瑰

〈修剪的實作〉矮叢型玫瑰

大輪玫瑰的新梢難更新品種、以及標準型樹玫瑰的修剪例。大輪玫瑰一般來說，差不多將樹高修剪至約一半高度。

修剪檔案

樹形：矮叢型玫瑰	
系統：大輪玫瑰	品種
年數：栽種第4年	

桑格豪森的喜慶
Sangerhauser Jubilaumsrose

横張性且新梢不會更新的品種。栽種多年後長出了劣化枝條，故須從植株基部將劣化枝條剪除。分枝多雖然有助於開花，但枝條過多會讓花朵變小，為了綻放大型花朵，須縮減枝條數量。横張性品種，若只保留外芽，枝條會逐漸往外擴張，因此內芽也須保留。透過修剪營造良好通風與日照也很重要。（外芽、內芽 ➡ P143）

修剪中

切除生長衰退的枝條。大輪花的開花枝粗細約莫8公釐，不夠粗的枝條予以修剪。

修剪前　摘除腋芽能讓樹形更簡潔。不必要的枝條一長出來就予以摘除，可讓修剪作業更輕鬆。摘除腋芽也可讓通風變好。

修剪後　因屬橫張性樹形，故不摘除外芽，內芽也保留，弱剪之餘也須兼顧平衡性。細枝修短。

修剪檔案

樹形：矮叢型玫瑰			
系統：大輪玫瑰	品種	**愛蓮娜**	
年數：栽種第 3 年		Elina	

標準型樹玫瑰的大輪玫瑰。為了使其生長至成株，將初期保留至今的長枝條剪除。修剪後的枝條宛如堅實的骨架。由於種在日照良好的場所，故修剪成中心高、周邊低的樹形。大輪品種若限制枝條數量，並維持植株健康，自然能夠讓花朵開得更碩大。

 修剪前　幼苗期，為了讓植株結實生長並增生許多葉片，故保留長長的枝條。

修剪後　將保留至今的長枝條剪短，變成接近成株的樹形。

**玫瑰專家鈴木的
秘藏知識分享**

長有許多側枝時，請限制留下來的枝條數量

　　冬季修剪的基本作法，是修剪前年的開花枝。只不過，當粗枝長出許多開花枝（側枝）時，若留下所有枝條，會導致體力分散，較難培育成結實的植株。開花枝太多時，必須限制枝條數量。

　　該保留多少枝條，請根據長有開花枝的枝條粗細來決定。從結實的粗枝條長出的側枝，留下 3 根也沒問題。從細枝條長出的話留 1 根，從中等粗細的枝條長出的話則留 2 根。需要修剪掉的枝條，請從基部剪除。留下來的側枝（開花枝），修剪至剩餘約 2 個芽的程度。

修剪檔案
樹形：矮叢型玫瑰
系統：中輪豐花玫瑰
年數：栽種第 4 年

品種 伊豆舞孃
Dancing Girl of Izu

直立性且新梢會更新的品種。中輪豐花玫瑰在修剪時，會比大輪品種保留更多枝條。去年開過的枝條今年也會開，一旦枝條過多，須留意體力分散的問題。

＜修剪的實作＞矮叢型玫瑰
中輪豐花玫瑰

修剪前

由於容易長出新枝條，若是停止生長的枝條、樹皮一直是綠色沒有變色的枝條，即使粗壯結實也修剪掉。

修剪中

不必要枝條修剪過後的狀態。保留粗細適中的枝條。

修剪後

整體修剪成約樹高的一半，並呈現前低、後高的樹形。

粗枝條若用剪刀硬剪容易腐爛，建議用鋸子切除。

冬季修剪的重點

腋芽深剪。直立性品種基本上是在外芽下刀，但不須過於講究。

中輪豐花玫瑰的修剪例。修剪中輪豐花玫瑰時，為了讓花徑變小，請保留較多的枝條。樹高則差不多是修剪前的一半到三分之二左右。

修剪檔案

樹形：矮叢型玫瑰	
系統：中輪豐花玫瑰　品種	**尤里卡** Eureka
年數：栽種第 4 年	

屬於橫張性樹形，玫瑰裡少見的亮橘色花是其特徵。是邊開花邊長大的特殊品種。

修剪前 花朵數量逐年增加。因耐寒性強，夏季在涼爽的日本東北會比關東更容易開花。

修剪後 整體修剪成約樹高的三分之一。修剪後殘留的葉片也全數摘除。

修剪中 不必要枝條修剪過後的狀態。

玫瑰專家鈴木的秘藏知識分享

沒有修剪過的植株，先修剪成一半高度

　　冬季修剪的基本原則是「修剪前年生長、春季開過一次花的枝條」。只不過，至今從未修剪過的植株、前年沒有執行修剪作業的植株，不可比照基本原則。上述情況的植株，約修剪成目前樹高的一半高度，使其重新生長。

灌木型玫瑰

〈修剪的實作〉英國玫瑰

修剪檔案		
樹形：灌木型玫瑰		**瑞典女王**
系統：英國玫瑰	品種	Queen of Sweden
年數：栽種第 4 年		

　　若枝條修剪過度，長至成株需要花費更多時間，因此幼苗期不進行一般的修剪，細枝條也予以保留。此植株是栽種第 4 年，今年開始要整理細枝條，為成株作準備。2 公分左右的粗新梢，今後會再持續成長，故修剪位置再低一些。

修剪中

不必要枝條修剪過後的狀態。直徑約 2 公分的粗新梢，到了秋天還充分地殘留葉片，故堪稱具未來性的枝條。預計將樹高修剪成約一半高度。

修剪前　充分適應土壤，樹高持續延伸。至今為了培育植株，細枝條一直留著。

修剪後

樹高修剪成一半高度。結實的新梢，考量到來年以後的修剪高度，於比一般枝條低 20 公分左右的位置下刀。

成長的樣貌
（春天）
1 月中旬修剪過後約 4 個月，5 月上旬的樣子。

英國玫瑰等灌木型玫瑰的修剪例。修剪英國玫瑰時，差不多是將樹高修剪至一半高度。枝條數量多的則縮減數量，使其綻放碩大的花朵吧！

修剪檔案

樹形：灌木型玫瑰	
系統：英國玫瑰	品種
年數：栽種 17～18 年的成株	

佩特奧斯汀
Pat Austin

此品種的花不大，因此粗約 7 公釐的細枝也使其開花。只不過，枝條數量過多過細會讓花變小，故須限制枝條數量讓花開大一點。英國玫瑰四季開花性強，故比照其他四季開花性玫瑰修剪。「安蓓姬（Ambridge Rose）」與「夏莉法阿斯馬（Sharif Asma）」也可比照相同方式修剪。

修剪前

植株結實健壯，可綻放大型花朵。

修剪後

樹高修剪至約一半高度。枯萎的枝條從基部剪除，讓日照可以進入植株中心。

修剪檔案

樹形：灌木型玫瑰	
系統：英國玫瑰	品種
年數：栽種 17～18 年的成株	

葛拉漢湯瑪士
Graham Thomas

第一次的修剪若處理得俐落美觀，下一年開始，就能比照完成漂亮的修剪作業。「葛拉漢湯瑪士（Graham Thomas）」因接近蔓性玫瑰，若每年強剪，蔓性會較為穩定。雖然是大輪品種，但由於英國玫瑰的花瓣並不多，故 8 公釐左右的細枝條也保留下來。

修剪後

稍微加強修剪，完成矮叢型玫瑰般的樹形。

修剪前　具有中途增長新枝的性質，枝條顯得紊亂。

修剪檔案

樹形：	灌木型玫瑰
系統：	古典玫瑰（苔蘚玫瑰）
年數：	栽種 17 ～ 18 年的成株

品種

安如的雷納
Rene d'Anjou

老舊枝條附著於地面，並往上長出新枝條，故須將依附在地面上的枝條切除。無法判別時，只要切除最下面的枝條就可以了。去年以前保留下來的枝條，毋須過於在意。古典玫瑰中的苔蘚玫瑰、大馬士革玫瑰、百葉玫瑰、波旁玫瑰系統的一季開花性品種，也是比照此方法修剪。

修剪前　老舊枝條附著於地面，從中長出新枝條。

修剪後　切除橫倒的枝條，往上伸長的枝條前端不切除。枝條上殘留的葉片也全部摘除。

冬季修剪的重點　　附著於地表的枝條，於筍芽前方下刀。

成長的樣貌（春）
5 月上旬的樣子。

古典玫瑰與原生種的修剪例。一季開花性的品種，3 年修剪 1 次也無妨。基本上，僅剪除下方傾倒的枝條即可，枝條前端不修剪。

修剪檔案

樹形：灌木型玫瑰	
系統：古典玫瑰（波旁玫瑰）	品種
年數：栽種 17～18 年的成株	

莫梅森的紀念品
Souvenir de la Malmaison

因屬四季開花性，故修剪方式可比照豐花玫瑰。開有花朵的枝條也是，為了避免枝條太多而生長衰弱，故須修剪整體的枝條數量。波旁玫瑰若不每年修剪，無法讓樹形變漂亮。

 修剪前　即使沒有修剪殘花，枝條依然持續生長，四處亂竄。

修剪後　修剪成約一半高度。減少枝條數量，讓植株基部也可接受日照。

 成長的樣貌（春）
5月上旬的樣子。之後會開花。

冬季修剪的重點

整體修剪成約一半高度，同時考慮到樹形，讓中間的枝條較長，外側的枝條較短。

樹形：灌木型玫瑰	
系統：原生種	品種
年數：栽種 17 ～ 18 年的成株	

粉月季

Rosa chinensis Old Blush

四季開花性的新梢更新品種。成株會如同蔓性玫瑰般伸長，樹形容易顯得紊亂，故須修剪讓陽光能夠照射到植株基部。因屬直立性樹形，故在外芽下刀，使其向外生長。

修剪前 枝條紊亂，日照無法到達植株內部。

修剪後 變成修剪前的一半高度。經由修剪讓日照進入植株基部。

成長的樣貌（春天）
5 月上旬的樣子。綻放許多花朵，保留下來的花蕾也開了花。

修剪檔案

樹形：灌木型玫瑰
系統：原生種
年數：栽種 17～18 年的成株

品種

犬薔薇
Rosa canina

　　會結果實，可以取得薔薇果的玫瑰。野生玫瑰不修剪枝條前端，使其呈現枝條自然彎垂的野生樹形。染上紅色的是前年長出的枝條，若只留下這些枝條，剩餘枝條加以修剪，就能讓陽光充分照射到植株基部，使其每年結果實。

修剪前　每年只開一次，只要給予良好日照，不施肥也能讓枝條繁茂。

修剪後　只留下新的枝條及前年的枝條，讓陽光照射到植株基部。

冬季修剪的重點　枯萎的枝條，盡量避免使用剪刀，而是用鋸子切除。只留下樹皮是紅色的枝條。

修剪結有果實的枝條。於前年長出的腋芽下刀。

蔓性玫瑰的誘引

與修剪一起進行

將蔓性玫瑰的枝條攀附固定在拱門、柵欄或牆面上的作業稱為誘引。精心誘引的蔓性玫瑰一齊綻放，美麗壯觀、氣勢非凡。

請熟記誘引的技巧，以利進行誘引。

誘引的適合期是 11 月下旬～2 月底前

誘引作業是在氣溫下降、玫瑰進入休眠時進行，日本關東地區，聖誕節過後是最適合的時期。由於誘引會與修剪一併進行，若在 11 月就完成誘引，植株會在休眠前冒出新芽。休眠前冒出的芽，可能會因寒冷而受傷，無法開花；但若太晚進行，則可能讓開始生長的芽在誘引作業中遭受損傷。蔓性玫瑰的修剪、誘引作業，最晚請在 2 月底前完成。（註 在台灣栽培玫瑰，不會進入休眠，中南部可在接近 11 月底開始進行蔓玫修剪、誘引；中北部則在 1～2 月進行。）

去除不必要枝條的修剪作業，請在誘引前進行。若讓葉片殘留在枝條上，可能會讓蚜蟲與葉蟎附著越冬，因此請全部摘除。

誘引必要的工具

誘引必要的工具

剪定鋏

鋸子

手套

袖套
MEMO 袖套若是一般的輕薄材質，無法預防玫瑰的銳刺，建議挑選厚實材質的製品。

麻繩或棕櫚繩
MEMO 綁束用的繩子，直徑 2.5 公釐左右的較容易打結，用於粗枝條時可打兩次結。避免使用塑膠製品或鋼絲，應使用麻繩或棕櫚繩這類會隨時間腐爛的繩子。

草繩
MEMO 草繩可便於用來綁定會干擾作業進行的枝條。

干擾誘引作業進行的枝條，與同方向生長的枝條綁在一起，然後往旁邊拉開，可讓誘引作業變得更輕鬆。

蔓性玫瑰的修剪與誘引 5 大要點

1 開過花的枝條 修剪至僅剩 5 公分

一根枝條可生長數年，最初修剪時若留得太長，慢慢變長後花朵會下垂。粗枝條可修剪得短一些，但考慮到隔年以後的生長狀況，建議修剪至 5 公分左右的長度。

在枝條基部往上約 5 公分處修剪。

2 新梢不更新的品種 不須解開老舊的誘引

新梢更新的品種，會解開老舊的誘引全部重做，但是新梢不更新的品種因枝條壽命較長，故不需要解開老舊誘引，直接將新枝條配置於舊枝條之間，或是疊放在不會開花的枝條上。經年累月之下，細枝會變多，形成背陰處的枯枝也會增加，因此也可數年一次，解開全部的誘引重新調整。

3 枝條 確實地打結

綁枝條時，怎麼打結都可以，但請盡量使其與結構物緊密接合。

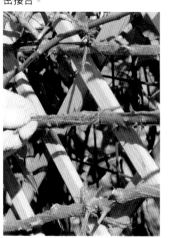

結若打得太鬆，枝條容易摩擦受損。此外，葉片容易卡進結構物與枝條之間，導致葉片在未盡其責前就變成落葉，對植株而言等於是耗費無謂的體力。打結位置基本上間隔 30～40 公分，容易生長的品種也可間隔 1 公尺左右。

4 誘引時避免枝條重疊，平整地攀附於牆面上

誘引時盡量避免枝條重疊，使其保持平整，讓枝條平均地接受日照，不僅能夠讓花開得漂亮，同時具有預防病蟲害的效果。枝條與枝條之間的間隔，大輪品種是 5～10 公分，中輪是 5～7 公分，小輪則是 5 公分左右。

枝條根據花朵大小採取一定程度的間隔，並盡量保持平整，讓隔年的誘引作業更輕鬆。

5 枝條前端不修剪並使其朝上

枝條的前端柔軟，故沒有修剪的必要，但若是因氣溫下降而長出的枝條，須將前端修剪掉 20～30 公分左右。此外，一般的品種請務必讓枝條前端朝上。若是具有枝條垂下性質的品種，則前端朝下也沒關係。

枝條前端朝上安排。

修剪檔案

誘引物：柵欄	
樹　高：200～300 公分	品種
花　徑：中輪	

新日出
New Dawn

不解開舊誘引的情況

新日出，偶爾會有長出新梢的狀況，但基本上屬於新梢不更新的品種。這類品種的枝條壽命較長，因此不需要解開舊誘引，直接將今年長出的枝條誘引進老舊枝條、或是沒有枝條的部分。誘引前先進行修剪，將老舊枝條、枯萎的枝條、虛弱的枝條加以整理。新日出即使是比較細的枝條也會開花，因此前年開過花的枝條也留著。葉子的部分，為了預防病蟲害請全部摘除。新日出這類中輪品種，枝條與枝條之間以 5 公分左右的間隔進行誘引。

3 **去除所有葉片**
修剪後，為了預防病蟲害，將殘留的葉片全部摘除。

（修剪後）

1 **修剪前的觀察**
枝條於柵欄兩側包覆生長。因為已經栽種 10 年以上，年輕枝條越來越少。

（修剪前）

4 **綁住竄出的枝條**
往前面竄出的枝條，為了避免因花朵重量而下垂，與老舊枝條綁在一起。

2 **修剪**
過細的枝條以及枯萎的枝條，從枝條基部修剪掉。

殘留枝條從基部往上約 5 公分處修剪。切口下方會長出新芽並開花。

172

5 取得開花的平衡性

為了讓整面柵欄都開有花朵，也可將新枝條綁在舊枝條上。

6 配置枝條

中輪品種的枝條間隔約為 5 公分，將新枝條誘引進老舊枝條中加以固定。

7 完成誘引

之後會逐漸往上生長的筍芽與粗枝，配置在柵欄下方。

 成長的樣貌（春）

12 月 24 日誘引後的植株，隔年 5 月上旬的樣子。花莖長至 20 公分左右，並結花蕾，到了 5 月中旬會一齊綻放美麗花朵。

誘引物：柵欄		**蔓伊甸**
樹　高：200～300公分	品種	Pierre de Ronsard
花　徑：大輪		

解開舊誘引的情況

　　因屬中間型的新梢更新品種，故解開舊繩子重新誘引。大輪品種的蔓性玫瑰，粗約 8 公釐的枝條會開花，太粗則無法開花，因此修剪掉過粗無法開花的枝條。枝條過多會讓養分無法普及，導致花朵無法平均漂亮地綻放。

　　大輪品種，誘引時請讓枝條之間的間隔寬一些。過窄會只長葉片無法開花，因此請給予 5 ～ 10 公分左右的間隔。

3 修剪
剪掉劣化的枝條。此外，太粗或太細的枝條會無法開花，因此也修剪掉。枝條粗細以 8 公釐左右為佳。

1 修剪前的觀察
這年梅雨季較短，夏季涼爽，因此長出許多枝條，並殘留許多葉片。

修剪前

2 解開舊誘引
因為枝條過多，故解開舊的誘引重新處理。

4 修剪完成
修剪完成後的狀態。

修剪後

誘引的重點

將生長方向相同的枝條整合綁在一起，以免妨礙作業進行。

5　思考枝條的配置

因為是大輪品種，誘引時讓枝條之間的間隔寬一點。配置時須思考粗枝條的安插位置。

6　進行誘引

柵欄的上面的枝條也打結固定。

枝條保持相同間隔。

枝條與柵欄之間不產生空隙。

7　完成誘引

枝條位置過低，不僅日照差，也容易出現病蟲害；過高則會看不到花。誘引時請顧慮到整體開花狀況的均衡性。

成長的樣貌（春）

12月24日誘引後的植株，隔年5月上旬的樣子。葉片繁茂且結有許多花蕾。

枝條裂開時如何處理

一發現裂開的枝條，請立即用繩子纏繞，避免裂口持續擴大。枝條若只是直向裂開，只要給予養分與水分，就不必擔心枯萎。也可用切成緞帶狀的麻布來取代繩子。

立體的誘引

安排在花柱上

修剪檔案

誘引物：花柱	
樹　高：200～300 公分	品種　蔓性櫻霞
花　徑：小輪	

粗的新梢無法彎曲，因此先將其筆直地依附在花柱上。之後從較難彎曲的枝條依序誘引，最後再將細枝纏繞到花柱上是重點所在。

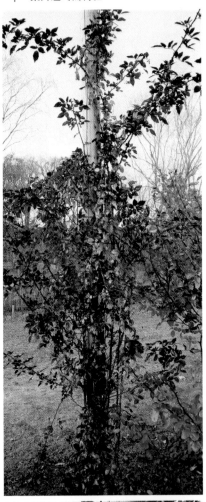

1 修剪前的觀察
葉片遇冷而轉紅。

2 整理舊枝條
解開舊誘引，先理出粗枝、細枝、互相纏繞的枝條，以利後續的誘引作業。

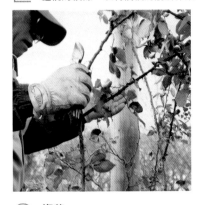

3 修剪
一邊解開舊誘引一邊修剪。春天開花的枝條從基部上方約 5 公分處修剪掉。

4 粗新梢綁定在花柱上
從粗枝條開始誘引。粗新梢無法自由彎曲，因此一開始先綁定在花柱上。

花柱的誘引，也可應用在錐型花架上。誘引的順序是由下往上、由粗枝到細枝。新的品種，即使不彎曲枝條也會從植株基部開花，故不需要勉強把粗枝纏繞固定。

繩子在枝條上繞一圈固定

在圓筒狀花柱這類沒有可拉引部位的物體上進行誘引作業時，單純用繩子壓住枝條，無法讓枝條纏繞固定在花柱上。將繩子繞枝條一圈，可讓枝條固定不動。此外，也可在柱子上釘幾根釘子，可用來輔助固定繩子。

❶ 用繩子繞過枝條後打結。

❷ 讓枝條緊貼花柱。

❸ 維持枝條緊貼花柱的狀態，將繩子纏繞在花柱上。

❹ 將纏繞在花柱上的繩子確實地打結綁緊。

6 **完成誘引**
盡量避免枝條重疊，保持間隔，以相同方向纏繞在花柱上。

| 誘引的重點 | 枝條朝外側鼓起的部分，若於下方插入枝條會導致通風變差，故維持原狀即可。 |

5 **進行誘引**
枝條依照粗到細的順序，由下往上依序綁定在花柱上。

誘引 ④

蔓性玫瑰多樣化的誘引方式

各種形式的誘引範例

花床

—品種—
瑞伯特爾
Raubritter

枝條橫躺時，許多花莖依舊呈直立狀的品種，可採取這種誘引方式。適合花莖較短的品種，能夠從上方眺望花朵。

12月下旬誘引，隔年5月的樣子。

12月下旬誘引，隔年5月的樣子。

枝條位置低也可開花的品種，誘引成拱門形式，齊花綻放時會顯得極為華麗。適用於庭園入口或通道等處。

拱門

—品種—
羅森道夫（前）
Rosendorf Sparrieshoop
薩哈拉 98（後）
Sahara'98

蔓性玫瑰可誘引在花床、拱門、花柱等各式各樣的結構物上。此外，灌木型玫瑰也可誘引成蔓性玫瑰般的立體造景。巧妙運用多樣化的誘引方式，在春天享受繁花盛開的樂趣吧！

直立性灌木型玫瑰 處理成蔓性玫瑰

灌木型玫瑰「浪漫貝爾 (Belle Romantica)」處理成 蔓性玫瑰般的成果。植株左 半部採普通修剪方式的灌木 型玫瑰,右半部則讓枝條如 同蔓性玫瑰般伸長,並且誘 引在花柱上,一顆植株同時 呈現兩種截然不同的風味。

花柱
— 品種 —
法蘭西斯
Francis

大型花柱的誘引例。枝 條以順時針及逆時針兩種 方向纏繞。適用於枝條較 多且較長的品種。

12月下旬誘引,隔年5月的樣子。

枝條幾乎不彎曲,呈現直線 誘引的例子。適用於 枝條不彎曲也可 長花莖的品種。 也可用作綠化 牆。

線性誘引
— 品種 —
偉大的愛
Grande Amore

棚架
— 品種 —
蔓性冰山
Iceberg, Climbing

植株下方不會開花的品種,比起拱 門更適合採用棚架,也可讓枝條自然 垂下開花。

12月下旬誘引,隔 年5月的樣子。

12月下旬誘引, 隔年5月的樣子。

◎ 迷你玫瑰的栽培重點

☐ 確實地處理葉蟎

☐ 防範與抑制黑點病的發生

☐ 開花後修剪

☐ 摘除筍芽

☐ 盆植栽種的情況，進行換盆與換土

☐ 盆植栽種的情況，施用追肥（➡ P98）

病蟲害的應對處理
培育迷你玫瑰的技巧

照料 ① 開花後修剪

迷你玫瑰開花後修剪的目的，與其他玫瑰並無不同（➡ P140）。四季開花性品種，是為了使其開花後不結果實，能夠順利地長出接下來的花芽。此外，也具有驅除病源的目的。出現灰黴病的花瓣，為了避免病情擴散到其他健康的花朵上，修剪下來的花瓣不可留在庭園或盆器內，必須立刻處理掉。

花開過後，可用剪刀剪下，或是用手指折取下來。一莖多花的情況，請將開完的花一一摘除。

離花莖基部 2 公分處的位置修剪。

從花頸部容易摘除，摘下後也不會影響外觀。摘除時以中指為軸心，避免指甲觸碰刮傷。

將迷你玫瑰做為室內擺設或美化窗邊，希望盡可能地不使其枯萎，長時間欣賞開花。在此將介紹迷你玫瑰的栽培重點，讓照料管理更顯成效。

照料 ② 驅除葉蟎

葉蟎，在戶外以 9 月～ 5 月最常出現災情，室內則是整年都有。葉蟎「明天再驅除」是不行的。一旦發現就必須立刻用手搓揉消滅。葉蟎的繁殖力很強，2 個月後便能產生抗藥性並傳給後代。請在世代交替前徹底驅除。用強水壓沖洗葉片背後的方法，夏季每天、冬季則挑選好天氣時進行。持之以恆地堅持下去，徹底執行約一週左右即可驅除。之後，再散布農藥（➡ P192）。若葉蟎跑到花瓣裡面，請將花朵處理掉，並且一樣用水沖洗驅除。

◀ 盆栽橫躺，噴水沖走葉片背後的葉蟎。冬季也是，若天氣好的話則每天進行。

照料
的重點　若是橡皮管，可壓住噴水口以提高水壓沖力。

照料 ③ 冬季修剪

迷你玫瑰的冬季修剪，若是成株，修剪成樹高的一半高度也無妨。矮叢型玫瑰，修剪成中心略高、外側略低的狀態，待花枝生長後會形成圓滾狀的樹形。修剪的方式比照其他玫瑰的順序進行即可。

雪梅揚（Snow Meillandina）

修剪前

修剪後

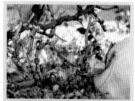

照料
的重點　枝條紊亂，一個芽一個芽小心地切除，讓枝條根根分明。修剪後殘餘的葉片，也請全部摘除。

之後的作業行程表
迷你玫瑰 ▶

時間	作業	頁數
11 月下旬～ 2 月下旬	蔓性玫瑰的修剪與誘引	➡ P170
11 月下旬	強修剪後施肥	➡ P115
全年	換盆	➡ P98
1 月～ 7 月、10 月中旬～ 11 月中旬	除腋芽	➡ P136
全年	預防與驅除病蟲害	➡ P190
1 月～ 7 月	摘除筍芽	➡ P132
9 月中、下旬	秋季中修剪	➡ P144

生理妨害

季節性的管理
暑熱、寒冷、強風

玫瑰遇到夏季暑熱或冬季寒冷，有可能因此導致植株生長狀態惡化。此外，劇烈的強風也有可能把枝條吹斷。在此就來了解如何度過寒冬、盛夏、以及颱風。

註 台灣冬季的溫度不像日本寒冷，可以省略抗寒作業。

抗暑對策

早晨給水

庭園栽種的玫瑰通常不需要給水，但若持續放晴導致地面乾燥時仍須給水。

給水請於氣溫上升前的早晨進行，積存在橡皮管中的溫水先全部流掉，待水變涼時再澆水。持續高溫乾燥時，傍晚時也需要給水。

盆植栽種須置於通風良好處

盆植栽種的玫瑰，不要放在有輻射熱的混凝土上，而是放在地面上。同時也請確保通風良好。置於陽台時，拉設園藝用的遮光網來遮陽，再將盆栽置於其下，也是緩和暑熱的方法。只不過，完全不接受日照會導致生長惡化，必須費

抗寒對策

打造耐寒植株

晚秋開花後，只摘除殘花，保留多數葉片。如此一來，葉片的養分會回到枝條內，讓植株變得結實耐寒。另外，給太多肥料容易遭受寒害，須特別留意。

植株基部覆蓋稻草

植株基部用稻草、稻殼灰等覆蓋，也具有禦寒效果。11月以後栽種的大苗，也可利用支柱打造屋頂，然後用不織布覆蓋（→P111）。

基部覆蓋稻草或稻殼灰，會變得比較耐寒。

用圍欄覆蓋整棵植株

室外氣溫降至冰點以下，地面結冰的地區，可用落葉或堆肥來禦寒。輕度修剪過的枝條用繩子彙整後，用波浪板或薄板圍至樹高一半程度的高度，再於裡面面置放落葉與堆肥。

積雪地區打造防雪柵欄

積雪地區容易因雪的重量導致枝條折損，請在積雪前打造好防雪柵欄。輕度修剪後，植株周圍立起支柱，用不織布覆蓋。

蔓性玫瑰先解開誘引，輕度修剪後再比照相同方式圍起來。真正的修剪，請等到雪融化後再進行。

受暑熱影響發生的生理現象

因為酷暑導致生長停止，葉片變成黃色。

心使其只在中午過後覆蓋遮蔽物。不耐暑熱的品種，夏季期間摘除花蕾不使其開花。盆植栽種的情況，請更換排水良好的介質。

受強風影響發生的生理現象

被風摧殘損傷的葉片。因颱風或強風侵襲，也可能因此被自身的刺弄傷。

颱風對策

立起支柱以行誘引

近年來，不只是威力強大的颱風，急遽的豪雨與突然的強風也愈來愈常發生。矮叢型玫瑰與灌木型玫瑰，一般來說不立支柱會比較好，但若預先知道強風即將來襲時，建議立起支柱進行誘引。用繩子把所有枝條捆綁成一體也無妨。颱風過後，請盡早解開誘引。

盆栽移至他處避難

盆植栽種的玫瑰，請移至不會遭受強風的場所避難。大型盆栽，也可直接橫躺擺放。颱風過後，若有葉片受損，為了預防病蟲害，請散布藥劑。

受寒冷影響發生的生理現象

葉片因冷而半途停止生長的狀態。

葉片出現黑色或白色的燒傷。捲曲的葉片一旦失去養分就會自然掉落。

花莖因寒冷而沒有伸長，變暖就會生長。花莖因寒冷沒有生長，埋進枝條中的「泰迪熊（Teddy Bear）」。

玫瑰照料Q&A

Q 為何修剪是玫瑰栽培很重要的一項作業？

A 四季開花性的玫瑰若不修剪，無法維持樹形。除了冬季修剪，還有摘除筍芽、開花後修剪、秋季整枝、春季的摘芽，請善加組合這5項作業，維持美觀的樹形吧！

不修剪任其生長，細枝會增加，無法綻放美麗的花朵。所謂美麗的花朵，指的是一個一個花莖長而筆直、葉片的形狀與顏色漂亮、花的形狀與花瓣數量、顏色與香氣帶有該品種特徵的花。若不進行修剪，很難開出美麗的花朵。加上枝條紊亂，日照與通風相對變差，容易滋生病蟲害。

維持漂亮樹形，增添賞花樂趣是一件重要的事情。

Q 一季開花性的木香花，何時進行修剪會比較好？

A 5月花開過後，馬上果斷地修剪或是整枝。日本關東以西，於之後的6月下旬，再進行一次輕度的修剪或整枝。

植株健康的「泰迪熊（Teddy Bear）」，從根部將新梢切除。精力旺盛的強壯枝條、以及蓋住老舊枝條的長枝條也切除。這麼做可削減植株體力，使其長出細短的枝條。「黃木香花」與「白木香花」於8月左右會長出隔年的花芽，若比照其他玫瑰於1月～2月進行修剪與誘引，會導致花芽受傷掉落，花朵數量變少。

Q 沒有進行冬季修剪，而且長出新芽，這樣還能修剪嗎？

A 新芽開始活動時的修剪會伴隨風險，一發現長新芽就馬上修剪，才可將風險抑制到最低限度。

在日本，玫瑰若於休眠期進行修剪，到了春季會在下方長出新芽，植株整體冒出許多芽。但是，過了休眠期，於新芽開始冒出時進行修剪，之後會變成只有上部的芽得以生長。只有上部的芽活絡生長，將導致花朵數量減少，花莖也會變細短。

迷你玫瑰的盆栽若置放於室內，
為何葉片會慢慢掉落？

有可能是日照不足、給水過多，
導致根部受損，或是室內乾燥滋
生葉蟎等原因。最近雖然也有可
栽培在陰涼處的品種，但仍不建議長時間
置放室內。盡量置放窗邊，或是白天拿到
戶外曬曬太陽。乾燥容易滋生葉蟎，須勤
於預防或驅除（ ➡ P181 ）。

玫瑰的追肥使用化學肥料。
最近，葉緣開始變成黃色且掉落。

葉緣出現枯萎狀態，是非常嚴重的警訊。原因可
能是施用過多化學肥料導致 EC 變高。另外，也
可能是植物生長所需的微量要素不足所致。換土
換盆也於事無補的情況很多。

EC 指的是土壤的導電度。EC 一旦變高，土壤的鹽類
就會變多。這是因為化學肥料含的鹽類（硝酸鹽或硫酸鹽
等無機鹽類）積在土壤中所致。EC 用計測器可以偵測。

庭園栽種不會馬上出現症狀，盆植栽種則會立刻顯現。
測定值變高時，若是盆植栽種請即刻換土。庭園栽種的
話，之後栽種的玫瑰可能會無法發育。若無法換土，可採
取所謂的「天地返」，也就是深層挖掘，讓表層的土與深
層的土替換的方法。

玫瑰的栽培，請避免土壤中囤積硝酸鹽或硫酸鹽等無機
鹽類，建議使用有機肥料。

前端呈掃帚狀的筍牙。分岔枝條留下
靠近植株基部的 2 根，其餘修剪掉。

沒有留意到長出筍芽，
到了秋季已變得很長。
繼續順其自然生長沒關係嗎？

恕我直言，真的有點可惜了。若有即時摘除筍
芽，或許有機會成為具將來性的主幹。筍芽不摘
除任其生長，前端會變成掃帚狀的分支岔枝條並
結花蕾，導致養分分散，枝條生長變差。雖然不是最好的
方法，但最好馬上切除。

殘花於開花枝一半左右位置的
5 片葉上修剪下來。

8 月與晚秋的開花後修剪，為
了控制之後的秋季修剪與冬季
修剪，於花頸下方剪下殘花。

Q

四季開花性的玫瑰
聽說開花後要修剪會比較好，
請問何時修剪比較適當？

A　四季開花性的玫瑰，為了讓下次的花
早點綻放，同時也是替植株著想，盡
早進行開花後的修剪很重要。若於開
花枝一半到 1/3 左右的地方修剪，約 40 天（氣
溫高時 30 天、秋季差不多 40 ～ 50 天）後會
長出下次的開花枝，然後開花。另外，於偏高
位置修剪，接下來的花會比較早開。花開過後
盡快修剪，可更早享受下次的開花、賞花樂趣。

　　此外，四季開花性的玫瑰一旦開始結果實，
就不會長出下次的開花枝，也就是變成無法四
季開花。

　　花開後盡早修剪，剪下來的花可插入花瓶，
或是製成乾燥花來做運用。請在開始凋零前修
剪下來吧！

Q

請問輕摘心與重摘心有何不同？

A　輕摘心是花蕾還小，或是
尚未確認是花蕾時，用指
頭摘除；重摘心是比輕摘
心於更低位置進行摘除。重摘心時，
若枝條變硬，也可使用修剪用剪刀。

　　摘心具有增加葉片的效果，想讓
筍芽分枝、調整開花、生病植株再
生時也可進行。根據玫瑰的生長狀
況，巧妙活用各種摘心是技巧所在。

Q

聽說古典玫瑰也可不必摘芽，
是真的嗎？

A　基本上，一季開花性的玫瑰不需要摘芽，順其自
然生長即可。古典玫瑰雖然大多屬於一季開花
性，但是其中仍包含四季開花性的品種，因此視
系統不同有的仍需摘芽。中國月季、茶玫瑰，比照現代玫
瑰摘芽；法國玫瑰、百葉玫瑰，通常不需要摘芽。

庭園玫瑰，每天給水非常勞心費力。
請問有比較輕鬆的做法嗎？

庭園栽種的玫瑰，不需要每天給水。只不過，7月下旬～8月下旬，是最需
要水的時期。持續放晴多日導致地面乾燥時，請給予大量的水分。盂蘭盆節（7
月15日）過後稍微變涼爽之際，新梢會長出來，為了使其確實地長出新梢，
也需要水分。不耐熱的品種，可藉由給水來緩和暑熱。雨量較多的5月～6月，不用
過度擔心也沒關係。

玫瑰是吸取土中的水分來生長。為了吸收水分，根會廣泛地伸長。也因此，庭園栽
種的玫瑰不須頻繁給水。若是盆植栽種的玫瑰，則必須定期給水。

不太有時間給水的人，不妨挑選耐乾燥的品種。從歐洲輸入的苗，大多具有高度的
耐乾燥力。

想要栽種四季開花性玫瑰的無刺品種，
請問有這種玫瑰嗎？

一般來說沒有刺
的品種，有「無
刺野薔薇」、「木
香花（重瓣）」、「夏之
雪（Summer Snow）」、
「春風」等等。最近也有
許多刺少的切花品種。只
不過，即使是無刺品種，
也可能因為培育方式與環
境因素而長出刺來。此外，
也有雖然枝條上沒刺，但
是葉片背面有刺的品種。

春風

木香花

粉紅夏之雪 (Pink Summer Snow)

拍出漂亮的玫瑰照片

想用相片留存玫瑰的美麗姿態嗎？要把花朵拍得漂亮，需要一些技巧。

首先必要的條件，就是挑選漂亮的花來拍攝。花瓣不可有髒汙、受損，或蟲蝕，同時也須仔細確認花朵形狀是否美觀。思索玫瑰哪裡美、何處吸引人，以決定要拍的花朵及拍攝角度。

接著是大量拍攝。若是用數位相機或智慧型手機，拍攝結果不滿意隨時可以刪除，因此請多方嘗試各種花朵與角度來拍攝吧！花朵受光的角度不同，呈現的印象也會隨之改變，尤其是拍成相片後，差距更為明顯。

一般來說，拍攝花朵適合選在陰天。晴天日照過強，順光拍攝容易色偏，或是讓花瓣陰影過於明顯。晴天時若採取側光或逆光拍攝，意外地不須在意影子，也可拍出表情豐富的相片。或者也可在花朵的上方、旁邊或下方，用白紙反射光線。

單眼相機大多同時具備帶廣角與望遠功能的變焦鏡頭，也可充分用來彰顯玫瑰的特色。一般來說，廣角端適合用來表現景深，或是連同周遭景色一起拍攝；望遠端則適合用來拍攝花朵特寫，或是讓背景模糊以突顯花朵。變焦鏡頭，可讓你一邊觀看畫面，一邊切換成廣角端或望遠端來拍攝。

▶ 從花朵正面受光的順光，從旁邊或斜面受光的是側光，從花朵後方受光則是逆光。花朵用側光或逆光拍攝，可讓花朵表情更加豐富。

 逆光

 側光

 順光

逆光拍攝的博尼卡 '82
(Bonica '82)

逆光拍攝的羅斯・瑪麗 (Rose-Marie)

▲ 廣角端，左右的景色皆可寬廣入鏡，從近處到遠方都能清楚對焦。

◀ 望遠端，拍攝畫面變窄。對焦範圍變小，背景也變得較為模糊。

香水月季 (Rosa Odorata)

另外，檢查一下畫面四個角落，注意避免拍到不必要的東西，也不要只仰賴鏡頭，自己前後左右移動一下，改變站立位置尋找理想的構圖。

188

玫瑰的
病蟲害對策

病蟲害的預防

整頓栽培環境

春季對玫瑰而言是個恐怖的季節。急遽的氣溫與濕度變化，使其成為相當容易出現病蟲害的時期。每天早上，稍微留意一下當天的氣候預測，考慮是否需要給水等等隨機應變的管理方式很重要。給水時若不參考濕度與溫度的變化，將會釀成病蟲害孳生的條件。

尤其是盆植栽種的玫瑰，管理上比庭園栽種更為困難，須格外留意。

要培育出不容易生病的植株，平時適度地給予鍛鍊也很重要。過度的給水與追肥，使植株處於過度保護的狀態，反而會讓植株變得更容易生病。

一旦發現病蟲害，避免傳染範圍擴大的應變措施相當重要。請在擴散前散布藥劑來驅除預防。

抑制病蟲害的重點

3 不施用太多肥料

肥料太多容易長出多餘的枝葉。柔嫩枝條與葉片容易生病，也比較不敵害蟲。

1 整頓基本環境

打造日照、通風、給水良好的環境。避免密集栽種，讓植株基部及枝條都能接觸陽光的照射。

花瓣上可見因灰黴病產生之紅色斑點的 Blaze of Glory。

4 藉由日常觀察及早發現

每天仔細觀察玫瑰的狀態，藉此及時發現病蟲害的徵兆。若有特別變化的地方，諸如：葉片顏色有別以往、不明原因的油亮感等等，或許就是病蟲害的徵兆。透過及早的應變處理，將受害程度降到最低。

葉蜂的卵附著的痕跡。

2 挑選耐病性強的品種

最近市面上，耐病性強、新手也能輕鬆培育的品種愈來愈多，挑選這類品種也很重要（➡P60）。

玫瑰強烈給人容易染上病蟲害的印象，因此栽種玫瑰時，必須妥善整頓栽培環境，適時地使用藥劑。由於病蟲害無法徹底消除，因此請務必理解它們的性質，有效地做好預防措施。

玫瑰常用的市售藥劑

玫瑰栽培時使用的藥劑，主要有防除疾病的殺菌劑，以及防除害蟲的殺蟲劑。雖然也有同時具備殺菌及殺蟲功效的藥劑，但較常見的作法，是將兩種藥劑與加有展著劑的水調和後使用。展著劑可讓藥水更容易附著在葉片及害蟲上，遇水也不易流失。噴霧式產品，一旦發現病蟲害的徵兆就能馬上使用，非常方便。

殺菌劑

FLORAGUARD AL
黑點病、白粉病專用的殺菌劑，直接按壓噴頭即可使用。
主成份：四克利 Tetraconazole

ST Sapurol 乳劑
黑點病、白粉病專用的殺菌劑。用於玫瑰時，請稀釋 1000 倍再使用。
主成份：賽福寧 Triforine

全效光亮水懸劑
可有效預防黑點病、白粉病、灰黴病擴散的殺菌劑。請稀釋 2000 ～ 3000 倍後再使用。
主成份：滅派林 Mepanipyrim

Pancho TF 顆粒水和劑
預防與治療白粉病的殺菌劑。請稀釋 2000 倍後再使用。
主成份：賽福座 Triflumizole、賽芬胺 Cyflufenamid

GATTEN 乳劑
白粉病的殺菌劑。請稀釋 5000 倍後，於 2 次內使用完畢。
主成份：氟嘧菌淨 Flutianil

殺蟲殺菌劑

Benica X 精細噴霧
可同時預防與驅除疾病（黑點病、白粉病）與害蟲（蚜蟲類、金龜子類的成蟲）。直接按壓噴頭即可使用。
主成份：可尼丁 Clothianidin、芬普寧 Fenpropathrin、滅派林 Mepanipyrim

HAPPA 乳劑
可同時預防與驅除疾病（白粉病）與害蟲（葉蟎類）。請稀釋 200 倍後再使用。
主成份：菜籽油

殺蟲劑

ADMIRE 水懸劑
蚜蟲類的殺蟲劑。請稀釋 2000 倍後，於 5 次內使用完畢。
主成份：益達胺 Imidacloprid

PREO 水懸劑
棉鈴蟲的殺蟲劑。請稀釋 2000 倍後，於 2 次內使用完畢。
主成份：啶蟲丙醚 Pyridalyl

介殼蟲噴霧
介殼蟲的殺蟲劑。因為是噴霧式，故可直接使用。
主成份：可尼丁 Clothianidin、芬普寧 Fenpropathrin

Affirm 乳劑
棉鈴蟲、蚜蟲、薊馬的殺蟲劑。請稀釋 1000 ～ 2000 倍後，於 5 次內使用完畢。
主成份：因滅汀 Emamectin benzoate

OROMAITO 水和劑
葉蟎類的殺蟲劑。請稀釋 2000 倍後，於 2 次內使用完畢。
主成份：密滅汀 Milbemectin

展著劑

MIX POWER
具滲透性，藥效穩定。請稀釋 3000 倍後再使用。
主成份：界面活性劑

DAIN
可與大部分的殺菌劑及殺蟲劑混合使用。請稀釋 3000 ～ 10000 倍後再使用。
主成份：界面活性劑

註 以上為日本的市售藥劑。讀者可至農藥販售處依照主成份選購相似的藥劑，並依照產品使用說明來施灑。

散布藥劑的方法

正確使用很重要

同時散布殺菌劑與殺蟲劑

為了預防病蟲害而散布的藥劑，差不多等新芽長到5公分左右即可開始，以1週1次左右的步調進行，並同時散布殺菌劑及殺蟲劑。

散布時，不只噴灑在葉片與枝條（莖）上，也請附著於地面。若是葉蟎專用的藥劑，葉片背面也須噴灑。有的藥劑會導致花瓣顏色脫落，散布這類藥劑時請避免噴到花瓣。此外，新芽容易出現藥害，請務必遵守稀釋倍率，並且於短時間內盡快處理完畢。

即使做了預防措施，還是會傳出不少病蟲害災情。一旦發現疾病的徵兆與害蟲的痕跡時，立即的應變處理非常重要。疾病看似痊癒，其實仍殘有病原菌，因此還須反覆散布藥劑。

散布藥劑的方法與重點

4 遵守使用方法與稀釋倍率

使用藥劑前請詳閱說明書，遵守使用方法及稀釋倍率，並用於正確的作物對象。並非濃度高，效力就比較強。有時可能會出現藥害，導致葉片變色、萎縮，或是植株暫停生長，甚至還可能讓病原菌或害蟲產生抗藥性。

為了往高處與植株中央噴灑藥劑，使用長噴管的噴霧器有利作業進行。

將噴霧器的噴嘴靠近葉片，如同沖水般大量往葉片表面與背面噴灑藥劑。

5 藥液少量製作一次用完

嚴禁囤放沒用完的藥液。請少量製作並於當次使用完畢。實在用不完時，請倒入土壤裡處理掉，千萬不可棄至河川、水池、排水孔內。

1 散布前先確認溫度

氣溫超過25℃容易出現藥害。春季與秋季，挑選晴天，在氣溫上升的中午前處理完畢；夏天則選在涼爽的早晨或傍晚進行。

2 不要覆蓋兩層藥劑

若反覆噴灑相同地方，葉片上濃縮的藥劑又再次重疊藥劑，容易出現藥害。請1次平均地散布藥劑。

3 輪流散布不同藥劑

一直使用相同的藥劑，病菌及害蟲會出現抗藥性。尤其是白粉病、蚜蟲、棉鈴蟲、葉蟎等專用藥劑，建議輪流使用不同的藥劑會比較理想。

Point

不易溶於水的藥劑

稀釋不易溶於水的藥劑，有個小技巧。首先，準備必要量的水與藥劑，先將藥劑加入水桶，再加少量的水使其與水調和。之後，再慢慢加水逐步稀釋。若一開始就加入大量的水，小心會無法調拌均勻。

要混合使用多種農藥時，先溶解不易溶於水的可溼性粉劑，之後再加入易溶於水的藥劑調和均勻。

防範藥害

國內一般市售的農藥，雖是遵守農藥取締法這項安全基準所製造，但也並非完全無害。施用農藥時，請先穿著雨具等防護衣，同時戴上護目鏡、面罩、手套，避免直接接觸農藥。設法處於上風處噴灑，也是避免接觸藥液的訣竅之一。另外，也請留意避免波及附近的居民、家畜或寵物。

施灑完畢後，除了清洗防護衣、護目鏡、面罩、手套之外，臉和手腳也都須清洗乾淨，用過的衣服也必須與普通的髒衣服分開洗。

藥液的製作方法

市售的藥劑，皆有根據安全使用基準來制定使用方法。使用時請仔細閱讀説明書，用於正確的對象作物，遵守使用方法及稀釋倍率很重要。替玫瑰噴灑藥劑時，將展著劑、殺菌劑、殺蟲劑調和均勻後再使用。

應準備的東西

藥劑
- 展著劑
- 殺菌劑
- 殺蟲劑

工具
- 滴管（計量湯匙等等）
- 水桶

1. 水桶裝入 5 公升的水備用。

2. 水中加入展著劑（MIX POWER）1.5毫升（約3000倍），仔細攪拌均勻。

3. 加入殺菌劑（四克利）1.2毫升（4000倍），仔細攪拌均勻。規定是3000倍的稀釋，但是4000倍已經很有效果。

4. 加入殺蟲劑（PREO水懸劑）5毫升（1000倍），仔細攪拌均勻。

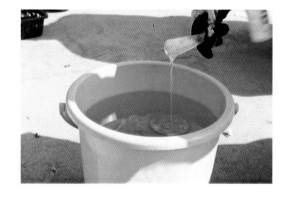

必要的藥液量與使用的藥劑量

調和 1 公升的藥液所需的藥劑量，可透過如右公式，將欲調和的藥液量除以稀釋倍率來求得。根據欲散布的藥液量，即可計算出必要的藥劑量。

求得使用藥劑量的公式

$$欲製作的藥液量 \div 稀釋倍率 = 使用的藥劑量$$

例：調和 1 公升「稀釋濃度 3000 倍」的藥液 ➡ 1000（毫升）÷3000（倍）=約 0.33（毫升）

稀釋速查表（水 1 公升）							
稀釋倍率（倍）	400	500	800	1000	1500	2000	3000	4000
溶解的藥劑量（毫升）	2.5	2	1.25	1	0.66	0.5	0.33	0.25

※ 註：液劑的 1 毫升相當於固體劑的 1 克

疾病與害蟲 ❶

各種疾病

栽培玫瑰須格外留意

❖ 玫瑰的2大疾病之一。一開始是幼嫩的葉片、枝條及花蕾附著白色粉末。病原菌是會滯留在空氣中的常在菌，一旦早上的氣溫超過10℃就容易發生。還有就是肥料給太多，會長出柔軟的芽，而變得容易生病。

傳染疾病的病原菌，有其活躍的活動時期與條件。管理時若能意識到上述要點，方可降低玫瑰染上疾病的機率。染上疾病的部位立即修剪摘除，且為免感染範圍擴大，不可隨意棄置，須徹底清理乾淨。

玫瑰的疾病 ❶

白粉病

發生時期
春、秋季。氣溫15～25℃的時期。

發生部位
新芽、葉片、花蕾、枝條、刺。葉片背面或表面都可能發生。

症狀
葉片表面附著白色粉末，出現白色斑點，背面出現紅色斑點，邊緣往背面蜷縮。葉片表面變得凹凸不平。新梢扭曲。

處理法
首先，用水清洗病斑部位。散布藥劑時，大量噴灑足以沖洗掉孢子的量。藥劑約1週使用1次。

事前對策
挑選耐病性強的品種。保持良好日照及通風，避免過度施肥。肥料須控制氮含量。

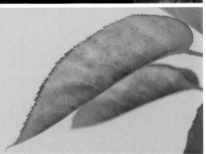

染上白粉病會彷彿附著白粉，葉片表面蜷曲，背面變紅。

Point

保護新芽以免植株全滅

白粉病是新芽萌生時伴隨的疾病，因此可藉由調整開花來改善。舉例來說，新芽冒出的4月與5月，請分別替新芽進行1次摘芽作業。雖然會因此減少開花數量，但可預防整棵植株一起遭受感染。

黑點病是葉片出現滲入邊緣的黑色斑點。

玫瑰的疾病 ❷

黑點病

❖玫瑰的2大疾病之一。沿著葉脈滲入邊緣長出黑斑。黑點病伴隨雨天出現，梅雨季節與夏季午後雷陣雨時須多加防範。也因此，初期對策非常重要。黑色病斑的上面有病原菌，會隨雨滴飛散，藉由昆蟲的身體感染，從植株下方的葉片開始發病。前年有黑點病症狀的植株，從早期就得開始留意。

發生時期
全年。氣溫20～25℃最容易發生。

發生部位
主要是葉片。

症狀
出現滲入葉片般的黑色斑點，很快地病斑周圍會變黃以致葉片掉落。

處理法
藉由早期發現摘除感染疾病的葉片，同時散布藥劑。約3天1次，連續施用4～5次。摘除的葉片與枝條須徹底清理乾淨。

事前對策
挑選耐病性強的品種。避免密集種植，庭園栽種可在植株基部鋪上大量稻草。盆植栽種請置於不會淋雨的場所。

玫瑰專家鈴木的秘藏知識分享

讓黑點病的植株重獲新生

右圖是感染黑點病，葉片變黃的盆植玫瑰。7月下旬時已顯得十分虛弱，但在此狀態下依舊可以重獲新生。葉片摘除後進行修剪，每隔3天散布藥劑，持續2個星期，待新芽萌生即可再生。

❶ 感染黑點病，葉片變黃且幾乎掉光的「盛況」。

❷ 葉片全部摘除，柔嫩枝條進行輕修剪。

❸ 約1個月後，這棵植株長出身負未來重生使命的新梢。

灰黴病

❖灰黴病主要是低溫多濕時出現在花朵上的疾病。一開始是花瓣出現滲入般的小斑點，並且很快變成褐色。放任不管花瓣會腐爛且被灰色霉菌覆蓋。雨多時容易出現，平時保持良好通風，並給予充足日照。

發生時期　全年。持續多濕的時期。

發生部位　花、花蕾。

症狀　花瓣附著灰色的霉菌。

處理法　發病的花瓣盡早處理掉。接觸到黴菌的剪定鋏洗乾淨，然後後仔細擦乾。

事前對策　置於日照、通風良好的場所。花瓣盡早修剪掉。

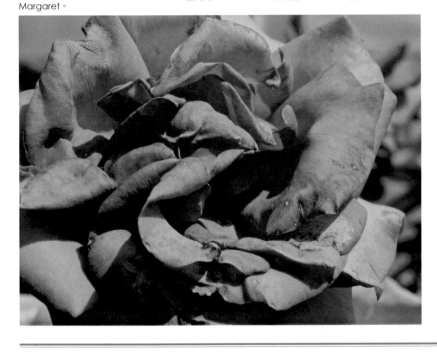

因灰黴病導致花瓣出現紅色斑點的 Princesse Margaret。

銹病

❖感染銹病，葉片背面附著有橘色小粉塊。這是銹病的孢子團，之後，孢子會變成黑色，植株整體的葉片會紛紛掉落。是野薔薇容易出現的疾病。

發生時期　高溫多雨的時期。

發生部位　葉片、枝條。

症狀　葉片背面出現粉狀團，隨即就會落葉。

處理法　修剪掉發現病斑的葉片與枝條，同時散布藥劑。

事前對策　清潔植株基部，利用冬季修剪去除葉片與細枝。保持良好的通風及給水。

野薔薇的葉片。背面附著有橘色粉狀的銹病孢子團。

玫瑰的疾病 ⑤ 根瘤病

❖玫瑰的根部或嫁接的部分，出現凹凸不平的瘤狀塊是其特徵。感染此病雖然不會枯死，但是植株的體力會逐漸衰弱，開花狀況也會變差。病原菌會在土壤中持續存活數年，從根部或嫁接部分的傷口處侵入。

發生時期
一整年。地面溫度高時發生。

發生部位
根的基部、根。偶爾會出現在枝條上。

症狀
出現瘤狀團塊。

處理法
用刀片等工具把瘤挖除。

事前對策
換盆時的基肥，使用堆肥或發酵肥。嫁接或扦插時使用的刀片，須保持清潔。發病植株的換盆換土時，周圍的土也一併處理掉。

根瘤病也可能出現在枝條上。

玫瑰專家鈴木的秘藏知識分享

「枝枯病」只要植株健康就能預防

枝條變色枯萎的現象雖然被稱為「枝枯病」，但其實枝枯病不是病名，只是用來表示枝條枯萎狀態的症狀名稱。因為生病導致枝條枯萎，全部都稱為「枝枯病」。

植株的嫁接口、修剪的切口、枝條的傷口等處，偶爾會發現有某種黴菌附著，導致枯萎的「玫瑰枝枯病（Stem canker）」。變色部位出現許多黑色的小粒點，下雨或濕度高時，這些細粒會冒出黏著性物質。若有枝條受到感染，請從根的基部修剪並徹底清理乾淨。

枝條枯萎的原因有很多種。玫瑰枝枯病這類病原菌雖是最根本的原因，但若平時就給予良好的日照與排水，使其健康地生長，即使病原菌附著也不會出現嚴重的傷害。

玫瑰的疾病 ⑥ 露菌病

❖感染露菌病，葉片背面會出現紅紫色斑點並且凋落。病原菌是空氣中的常在菌，性喜低溫多濕，日夜溫差大時容易發生。傍晚時澆水，也有可能因為水冷導致周圍冷卻，結果過了一晚就出現露菌病。

發生時期
多雨潮濕時期。

發生部位
葉片、枝條。

症狀
出現紅紫色斑點，以及落葉。

處理法
散布藥劑。藥劑噴灑於整顆植株的葉片背面。

事前對策
於氣溫低的時期給水時，避免將水淋在葉片上。

一發現就馬上驅除

附著於玫瑰的害蟲

薊馬

會啃食玫瑰的薊馬，包括臺灣花薊馬、西方花薊馬等等。全都是身體呈黑褐色到黃色，細長，體長約 1～1.5mm。對花瓣吹氣，會迅速地四處移動。除了玫瑰，菊花、鳶尾、康乃馨、柿子、無花果等所有植物都會遭受侵襲，因此種植距離較近時須格外留意。

發生時期 5月～10月。氣溫高的時期。

侵襲部位 花、花蕾、葉片。

症狀 寄生於花或花蕾上吸取汁液。花瓣四處染上褐色，彷彿長斑一樣。

處理法 切除的花瓣不隨意棄置，務必徹底清理乾淨。發生過於頻繁時，花朵也會變成發生源，請趁早摘除。

蚜蟲

主要是群聚寄生在新芽、花蕾等幼嫩部位，吸取汁液養分，妨礙新芽與花朵的發育。病菌可能會從寄生處入侵，蚜蟲吐出的蜜露則可能引發煤煙病，看起來彷彿覆蓋黑色煙煤。

發生時期 4月～11月。

侵襲部位 新芽、新梢、新葉、花蕾。

症狀 新葉萎縮且顏色變難看，出現褐色斑點，嚴重的話葉片會掉落。

處理法 一旦發現即刻捕殺，或從葉片上方，提高水壓以吹飛的感覺沖洗。

介殼蟲

大量寄生於玫瑰的玫瑰輪盾介殼蟲，因為住在長 2～3mm 的白色殼中，枝條與枝幹看起來像是有白色的東西附著。通風不良的部分尤其容易滋生，因此庭植栽種的玫瑰須避免密集種植，周遭的庭木也須修剪，並且維持良好通風與日照。介殼蟲類，大多寄生於薔薇科的果樹及覆盆子類，因此建議避免與上述品種混合栽種。

發生時期 一整年。

侵襲部位 枝條、枝幹。

症狀 附著於枝幹與枝條吸取汁液，導致植株衰弱。大量附著不僅影響植株外觀，嚴重的話還會枯死。

處理法 用牙刷把蟲刷掉。因為住在殼的內側，卵孵化的 4月～5月、7月～8月時須散布藥劑。冬季修剪後驅除越冬蟲也很重要。

玫瑰的害蟲，殺蟲劑成效不彰的情況很常見，要徹底預防與驅除相當困難。一旦發現害蟲的蹤跡，請盡早驅除吧！及早驅除害蟲，可防止被害範圍持續擴大。

葉蜂

　　成蟲會在幼嫩的枝條上插入產軟管產卵，孵化出來的幼蟲會成群啃食嫩葉，啃食到幾乎只剩下葉脈。

發生時期　5 月～9 月。

侵襲部位　幼嫩枝條、幼嫩葉片。

症　　狀　從幼嫩葉片先下手，除中央葉脈外幾乎啃食殆盡。

處 理 法　一旦發現即刻捕殺。將幼蟲聚集的葉片摘除並徹底清理乾淨。

葉蜂的幼蟲。

幼蟲的啃食痕跡。幼嫩的葉片幾乎被吃得一乾二淨。

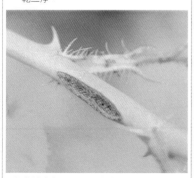

卵附著的痕跡。產卵時造成的傷痕在枝條生長後變成巨大的裂痕。

金龜子

　　金龜子類很多中有許多麻煩的種類，豆金龜、大綠麗金龜、花金龜幾乎都會啃食花朵。此外，幼蟲是乳白色的毛蟲狀，會隱居土中啃食根部。

發生時期　成蟲是 5 月～9 月、幼蟲是 8 月～10 月。

侵襲部位　成蟲是花朵與葉片，幼蟲是根部。

症　　狀　啃食痕跡。

處 理 法　一旦發現即刻捕殺。

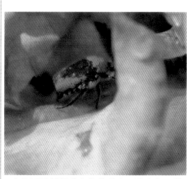

金龜子的同類花金龜的成蟲。花金龜，對顏色產生反應而飛過來，經常聚集在黃色及白色的花上。成蟲會吸取樹汁，幼蟲則是藏在土中啃食根部。

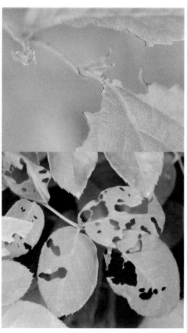

被金龜子類啃食的痕跡。洞孔邊緣出現轉紅褐色的現象。

天牛

　　會危害玫瑰的天牛，主要是星天牛，成蟲長有帶白色斑點的黑色翅膀。成蟲會在玫瑰枝幹基部產卵，啃食幼嫩枝條。從卵孵化的幼蟲體長 5～6cm，乳白色的毛蟲狀，會啃食枝幹內部。除了玫瑰，也會寄生在楓樹類植物上，鄰近栽種時須特別注意。

發生時期　6 月下旬～7 月。

侵襲部位　成蟲是侵蝕幼嫩樹皮，幼蟲是從基部侵蝕枝幹。

症　　狀　幼蟲會啃食枝幹內部導致枝條枯萎，嚴重會枯死。

處 理 法　一旦發現即刻捕殺。成蟲只要在枝幹基部置放毛巾或水果網袋，就能捕獲。

斜紋夜盜蟲

　　白天藏在土中，晚上才活動。經常侵襲農作物，成蟲的翅膀帶有淡褐色條紋，所以稱為「斜紋夜盜蟲」。幼蟲呈毛蟲狀，幼小時呈淡綠色且在白天行動，長大後身體會轉褐色，體長變成 4cm 左右，白天會藏在植株枝幹基部。與甘藍夜蛾很像，一樣會啃食葉片。兩者的成蟲都是在夜間活動。

發生時期　5 月～11 月。

侵襲部位　葉片、花朵。

症　　狀　幼蟲會啃食葉片。由於會啃食葉肉僅殘留葉片表皮及葉脈，因此會出現白色透光般的斑紋。

處 理 法　小幼蟲會群聚，一旦發現請即刻切除葉片並清理乾淨。大型幼蟲立即捕殺。

玫瑰短喙象鼻蟲

甲蟲的一種，體長約 3cm。長長的嘴喙在幼嫩的荊棘花梗上鑿穴，深入產卵管產卵。從卵孵化後的幼蟲會啃食枯萎的莖與花梗以生長，待莖與花梗一掉到地面，就會潛入土中變成蛹。

發生時期 4月～7月。
侵襲部位 新梢、花梗。
症　狀 被鑿穴的莖與花梗會變枯萎，很快就會與幼蟲一同掉落。
處理法 一旦發現即刻捕殺。成蟲抗藥性差，因此藥劑請等成蟲出現時再施用。

小蟲，會用尖嘴刺花首（上）。象鼻蟲類（下）。

切葉蜂

成蟲會把葉片整個切取下來運回巢穴，在裡面產卵，幼蟲也是吃此葉片成長。除了玫瑰，淫羊藿也是受害目標。

切葉蜂的啃食痕跡。

卷葉蛾

葉卷蟲有許多種類，幼蟲會吐絲黏附在葉片上，然後潛藏其中啃食葉片成長。變大後體長約達 3cm 左右，會在黏附的葉片中變成蛹。

會附著於玫瑰上的卷葉蛾，茶、柑橘類、葡萄、梨子、扶桑類也都是受害對象。

發生時期 4月～10月。
侵襲部位 葉片。
症　狀 葉片重疊捲曲呈閉合狀。啃食葉片僅殘留表皮，妨礙成長。
處理法 打開黏附的葉片，找出幼蟲即刻捕殺。

吐絲附著在葉片上的卷葉蛾。

有的卷葉蛾會折起葉片呈疊合狀態。

玫瑰巾夜蛾

蛾類，幼蟲是在7月及9月～10月出現，會啃食玫瑰的葉片與花蕾。幼蟲為茶褐色的尺蠖，體長約 4cm。

葉蟎

葉蟎主要寄生在葉片背面吸取樹汁。大多伴隨梅雨季發生，若旁邊有種植多種植物，到了5月也會附著其上。即使噴灑了藥劑，但因葉蟎繁殖力強，很快就會產卵，且2個月後即可繁衍後代，後代會因此出現抗藥性，因此一發現請立即水洗（➡P181）並散布藥劑，設法於1個月之內驅除。

發生時期 5月～11月。梅雨時其容易出現，爆發性地增生。
侵襲部位 葉片背面、花蕾。
症　狀 一開始會發現葉片表面好像有點蜷縮，旁邊看起來乾巴巴的。接著很快就出現淡黃色～白色的斑點形成碎白點狀，經常發生的話葉片會變黃甚至掉落。
處理法 用水壓吹飛似地沖洗葉背持續約1週，然後用殺蟎劑驅除。殺蟎劑會出現藥害，請於開花後施用。

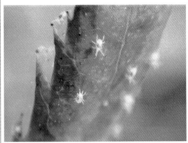

附著於新芽上的葉蟎。

葉蟎的啃食痕跡。葉片變呈淡黃色。

番茄夜蛾

成蟲在 9 月～10 月可見其蹤影。幼蟲會啃食葉片以及花蕾。不只是玫瑰，也會啃食菊花或是蔬菜，成長後會潛入土中變成蛹。

番茄夜蛾的幼蟲（上）與糞便（下）。

淡緣蝠蛾

成蟲約在 8 月～10 月出現。幼蟲在土中孵化後，會在枝條或莖幹上鑿穴並鑽入其中，形成隧道般地啃食殘骸。在穴道入口，會有糞便及土屑堆積成的蓋子，一發現請將其掀開，用鐵絲深入加以驅除。

尺蠖蛾

蛾類，雙色波緣尺蛾等會附著於玫瑰上。5 月左右，蠶狀的幼蟲會啃食葉片或花蕾。

尺蠖蛾的幼蟲。

青蛾蠟蟬

成蟲在 5 月～11 月出現。幼蟲會群聚在木枝上，用白色棉狀的蠟物質包覆身體。成蟲、幼蟲都會吸取樹汁。

青蛾蠟蟬。

梅花舞毒蛾

所謂的毛蟲類，小的時候會吐絲垂吊，故通稱鞦韆毛蟲。變大後的體長約 5～6cm，有長長的黃褐色毛，會啃食葉片。

發生時期	4 月～6 月。
侵襲部位	葉片。
症　狀	葉片被啃食。
處理法	一發現即刻捕殺。不耐重擊，用棒子敲打可致死。

梅花舞毒蛾的幼蟲。

玫瑰莖蜂

4 月下旬～5 月上旬，挑選粗大鮮嫩的新梢鑿穴產卵。成蟲體長約 1.5mm，體型細長，黑色。卵是在一條莖上逐一產卵，10 天左右即可孵化。幼蟲會吸食枝條中的髓，在莖裡面變成蛹。若發現新梢前端枯萎，請馬上切除並徹底清理乾淨。

玫瑰專家鈴木的秘藏知識分享

請不要錯失害蟲的跡象

重要的玫瑰若遭蟲入侵、啃食導致枯萎，是件非常可惜的事。為了不釀成遺憾，請別錯失害蟲的跡象。枝條若看似覆蓋有白色粉末，有可能是介殼蟲。若是葉蟎，葉片會呈現網目狀的透光性。

還有，花蕾與新梢周圍若有小蠅在飛，則可能存有蚜蟲或其他害蟲。害蟲一旦附著會分泌甜甜的汁液，該處便會聚集小蠅。蚜蟲一旦附著，葉片及枝條的表面看起來可能會油亮亮的。這是因為蚜蟲分泌的甜汁液所致。

每天照料之餘，也請仔細觀察玫瑰的模樣，即可避免錯失害蟲的跡象，以便盡早採取必要的應變措施。

Q

每年，總會因庭園玫瑰遭受葉蟎侵襲而困擾。
請問有什麼好對策嗎？

A　葉蟎通常會在梅雨季節出現，請在一次花開完後散布殺蟎劑。夏季乾燥也可能再度增生。天氣好時，可用強水壓往葉片背面與枝條沖洗，藉此吹散害蟲是一種方法。用手指壓住橡皮管出水口使其變形，輕鬆就能提高水壓。若是接連多日的晴天，用水連續沖洗 4～5 天。

　　此外，葉蟎會躲在葉柄基部或托葉部分以越冬，完成冬季修剪後，請將枝條上殘留的葉片全部摘除。清下來的葉片不可用做堆肥，請妥善地清理乾淨。如此一來，即可驅除越冬的葉蟎，抑制發生機率。

Q

剪定鋏，使用前一定要消毒嗎？

A　消毒這件事，並非在使用前進行，而是在使用過後就得馬上處理。消毒可防止引起疾病或根瘤病的病原菌附著在玫瑰上。切除根瘤病附著部位及其他生病部位時須消毒，平常使用過後，也請確實地擦拭掉樹汁、樹脂或髒汙，再用磨刀石磨至可俐落修剪的狀態。

最愛的玫瑰感染了黑點病。
生過病的植株，
還能用來扦插嗎？

A 散布藥劑後若完全根治就沒有問題。避開過於幼嫩的枝條以及堅硬的枝條，請挑選粗細 2～5mm 左右的結實枝條。沒有雜菌的乾淨用土可提高發根率。因此，不要放入肥料或堆肥。土的排水良好也很重要。

　大約經過 20 天左右會開始發根，此時若施用液肥，將有助於今後的成長。若扦插後約 1 週左右，葉片變黃或掉落則代表失敗。

聽說共榮植物（Companion plants）
可以抵禦病蟲害。
對玫瑰也有效果嗎？

A 多種植物種植在一起時，可說是打造了接近自然的多樣環境，因此確實具有抑制疾病發生的效果。但是，即使栽種特定的植物，也不可過渡期待會產生化學農藥般的成效。此外，種植其他植物時，請務必留意避免生長得過於繁茂，這點也很重要。

　其他的植物過於繁茂，會搶走養分導致發育變差。此外，也會讓通風與日照變差，導致病菌與害蟲入侵。共榮植物也是如此，請務必多加留意。

我家的庭園很窄，而且與鄰居的庭園相連，
如何盡量不使用農藥地享受栽種玫瑰的樂趣呢？

A 首先，請挑選具耐病性的品種。對於玫瑰兩大疾病黑點病與白粉病的抵抗性都良好的品種，則更為理想（➡P60）。再來則是打造栽培玫瑰必備的環境，也就是保持良好的日照、通風與排水。欠缺這些條件，即使是具耐病性的品種也會生病。

　平常就仔細觀察玫瑰的狀態也很重要。一旦發現害蟲就馬上驅除。玫瑰，是藉由葉片與枝條的增生讓植株變結實。請利用新梢的摘芽增生枝葉吧！還有就是，過多的花一齊綻放會讓植株變虛弱。建議於 4 月～ 5 月摘除 1/3 左右的花蕾，減少花朵數量。

因為使用堆肥導致蚯蚓變多。
請問蚯蚓是害蟲嗎？

A 蚯蚓並非害蟲。但是，會吃蚯蚓的鼴鼠對玫瑰而言卻是一大困擾。鼴鼠鑽進土裡時，容易傷到植株根部。鼴鼠雖然不會吃玫瑰的根部，但是從鼴鼠鑽的洞跑進去的野老鼠會吃。一旦發生就會導致玫瑰枯萎。

　話雖如此，鼴鼠會吃玫瑰害蟲之一的金龜子幼蟲，倒是一項利多。金龜子侵襲狀況嚴重時，除了設置捕捉器這個方法外，不妨暫時忍耐鼴鼠活絡的這段時期，試著與其共存。

ローズガーデンちっぷべつ (秩父別町玫瑰花園) 所在地：北海道雨竜郡秩父別町 3 条東 2 丁目 TEL 0164-33-3833 (秩父別観光振興有限会社) 最佳觀賞花期❖6 月下旬～ 10 月上旬	在冬季期間會把玫瑰植株挖起，移往溫室進行相關管理。雖然位處寒冷地區，還是能欣賞到美麗的玫瑰花。周圍有廣闊的北海道田園風景，一邊享受大自然美景，一邊欣賞 300 種 3000 株玫瑰，是悠閒散步的好去處。
東八甲田ローズカントリー (東八甲田玫瑰鄉村) 所在地：青森県上北郡七戸町山舘 25-1 TEL 0176-62-5400 最佳觀賞花期 6 月上旬～ 11 月上旬	栽培管理幾乎不使用農藥。在綠意盎然的大自然中欣賞玫瑰花，傾聽野鳥鳴叫，與野生動物不期而遇，也別有一番樂趣。這裡有在經營玫瑰的生產、加工、販售，遊客們亦可體驗採摘溫室栽培的玫瑰。
花巻温泉バラ園 (花卷溫泉玫瑰園) 所在地：岩手県花巻市湯本 1-125 TEL 0198-37-2111 最佳觀賞花期 6 月上旬～ 11 月上旬	位於花卷溫泉的玫瑰園。佔地約 5000 坪，種植著 450 種，6000 株以上的玫瑰。這裡可以欣賞到古老品種的玫瑰。經過細心照料管理的玫瑰，每一株都很美麗。白根葵等等高山植物在這裡也能見到。
東沢バラ公園 (東澤玫瑰花園) 所在地：山形県村山市楯岡東沢 1-25 TEL 0237-53-5655 最佳觀賞花期❖6 月上旬～ 7 月上旬、9 月上旬～ 9 月下旬	佔地 7 公頃，其規模之大在日本屈指可數。這裡能欣賞到來自全世界各國約 750 種，2 萬多株的玫瑰，是很具可看性的玫瑰園。也是全國唯一一個，被環境省選定為「自然香味風景 100 選」的玫瑰園，同時也被列為「戀人的聖地」。
_{そうしょう} **双松バラ園** (双松玫瑰園) 所在地：山形県南陽市宮内 4396-2 TEL 0238-40-2002 (南陽市観光協会) 最佳觀賞花期 6 月～ 10 月	位於能俯視米澤盆地的雙松公園裡。面積 8000 多平方公尺，裡面綻放著 340 種，6000 株的玫瑰。雖然不是規模很大的玫瑰園，但可以見到一些珍稀的品種。
ザ・トレジャーガーデン館林 (The Treasure Garden) 所在地：群馬県館林市堀工町 1050 TEL 0276-55-0750 最佳觀賞花期 5 月初旬～ 6 月下旬、10 月～ 11 月上旬	園內有一座利用玫瑰和宿根草，細心栽培並佈置成 7 個主題的玫瑰花園。除了玫瑰花之外，從 4 月上旬左右一直到 6 月底這段期間，可以欣賞到芝櫻、粉蝶花等各式各樣的花。
めぬまアグリパーク (妻沼農業園區) 所在地：埼玉県熊谷市弥藤吾 720 番地 TEL 048-567-1212 最佳觀賞花期❖5 月中旬～ 6 月、10 月～ 11 月	位於道之驛妻沼內，以「蔬菜」和「女性」為主題的玫瑰園。園內有一座日本第一位女醫師荻野吟子的雕像。雕像的周圍盛開著 200 種，4000 株的玫瑰花。
都立神代植物公園 所在地：東京都調布市深大寺元町 5-31-10 TEL 042-483-2300 最佳觀賞花期 5 月中旬～ 7 月下旬、10 月上旬～ 11 月下旬	曾經榮獲世界玫瑰協會聯盟的優秀庭園獎，是左右對稱的下沉式庭園 (Sunken Garden)，裡面種植著約 400 種，5200 株的玫瑰。除了玫瑰園，還有櫻花、梅花、荼梅、山荼花、水生植物等等可以欣賞。
京成バラ園 (京成玫瑰園) 所在地：千葉県八千代市大和田新田 755 TEL 047-459-0106 最佳觀賞花期 5 月～ 11 月	佔地 3 萬平方公尺，可以欣賞到從原生種到最新品種的玫瑰，號稱擁有 1500 種，7000 株的玫瑰。每逢春天和秋天的玫瑰節，這裡便成為各地遊客匯集的觀光景點。附設的花園中心可以購買玫瑰苗或植株。

谷津バラ園 (谷津玫瑰園) 　　やつ 所在地：千葉県習志野市谷津 3-1-14 TEL 047-453-3772 最佳觀賞花期❖ 5 月～ 6 月、10 月～ 11 月	擁有約 7000 株玫瑰。寬 4 公尺、長達 60 公尺的蔓性玫瑰隧道非常美麗壯觀。園內以噴水池為中心，採用幾何式設計，空間規劃得宜，即使是坐輪椅亦能輕鬆地在園區悠閒漫遊。
横浜イングリッシュガーデン (横濱英國花園) 所在地：神奈川県横浜市西区西平沼町 6-1tvk ecom park 内 TEL 045-326-3670 最佳觀賞花期　4 月下旬～ 6 月、10 月～ 11 月	種植著約 1200 種來自國內外的名花品種、熱門品種和起源於橫濱市的品種。園內各區可以欣賞到玫瑰花搭配鐵線蓮、香草植物或大型宿根草等各種植物所構成的美麗庭園景色。
花菜ガーデン (花菜花園) 　　かな 所在地：神奈川県平塚市寺田縄 496-1 TEL 0463-73-6170 最佳觀賞花期❖ 5 月中旬～ 6 月、10 月～ 11 月	該玫瑰園裡的「薔薇の轍」，能讓遊客從原生種開始，順著路線一邊賞花一遍了解玫瑰品種改良的歷史。該園擁有約 1170 個品種，在關東地區堪稱數一數二。種植的株數約 1900 株。
河津バガテル公園 (河津巴葛蒂爾公園) 　　かわづ 所在地：静岡県賀茂郡河津町峰 1073 TEL 0558-34-2200 最佳觀賞花期❖ 5 月中旬～ 11 月	這是一座忠實再現法國巴黎的巴葛蒂爾公園的玫瑰園。法式的幾何式庭園裡種植約 1100 種 6000 株的玫瑰。珍稀的品種在此處也能欣賞得到。
花フェスタ記念公園 (花節紀念公園) 所在地：岐阜県可児市瀬田 1584-1 TEL 0574-63-7373 最佳觀賞花期❖ 5 月中旬～ 6 月上旬、10 月下旬～ 11 月上旬	與英國皇家玫瑰協會締結友好關係所建造的公園。佔地超過 80 公頃的園區裡種植 7000 種，3 萬株的玫瑰，其規模在全世界可謂首屈一指。匯集了全世界玫瑰的「世界玫瑰園」，和各個不同主題造型的「玫瑰主題花園」都是值得參觀的地方。
ひらかたパーク ローズガーデン (Hirakata Park 附設玫瑰園) 所在地：大阪府枚方市枚方公園町 1-1 TEL 072-844-3475 最佳觀賞花期❖ 5 月中旬～ 6 月上旬、11 月	遊樂園附設的玫瑰園。除了用現代玫瑰、古典玫瑰、灌木玫瑰等各種類玫瑰設計而成的庭園之外，還有一區種植著獲頒進入玫瑰殿堂的玫瑰。能在園區一邊悠閒散步，一邊盡情欣賞 600 種，4500 株的玫瑰。
ＲＳＫバラ園 (RSK 玫瑰園) 所在地：岡山県岡山市撫川 1592-1 TEL 086-293-2121 最佳觀賞花期❖ 5 月中旬～ 6 月中旬、10 月中旬～ 11 月下旬	以山陽廣播公司 (RSK) 的電台播放天線基地台為中心，建造了同心圓狀花壇所構成的回遊式庭園。佔地 3 萬平方公尺的園區裡，種植著 450 種，15000 株的玫瑰。
広島市植物公園 (廣島市植物公園) 所在地：広島市佐伯区倉重 3-495 TEL 082-922-3600 最佳觀賞花期　5 月中旬～ 6 月中旬、10 月中旬～ 11 月中旬	1600 平方公尺的玫瑰園裡綻放著約 570 種玫瑰。整個公園裡約可欣賞到 850 種 1300 株的玫瑰。在此可以見到原生種或古典玫瑰等具歷史性的珍貴古老品種。
石橋文化センター (石橋文化中心) 所在地：福岡県久留米市野中町 1015 TEL 0942-33-2271 最佳觀賞花期❖ 5 月上旬～下旬、10 月中旬～ 11 月中旬	成為當地人的休憩場所，可以免費參觀的玫瑰園。法式庭園造型的「美術館前玫瑰園」，和以種植強香品種為主的「芳香玫瑰園」等區域，共種植了 400 個品種，2600 株的玫瑰。
かのやばら園 (鹿屋玫瑰花園) 所在地：鹿児島県鹿屋市浜田町 1250 TEL 0994-40-2170 最佳觀賞花期❖ 4 月下旬～ 6 月上旬、10 月中旬～ 11 月下旬	地處能眺望鹿兒島灣的丘陵地上的霧島丘公園，在其東側的丘陵地上有一個日本規模最大的玫瑰園。園區佔地 8 公頃，裡面種植了 5 萬株的玫瑰。這裡可以欣賞到該園自行培育出來的鹿屋公主 (Princess Kanoya)。

　※ 上述情報更新至 2015 年 4 月 3 日止。

一季開花
只在春天開一次花的開花性質。野生種及古典玫瑰居多。

重複開花
春天開一次花後，會不定期反覆開花的開花性質。

四季開花
一年四季反覆開花的開花性質。

大苗
經芽接法及切接法繁殖的植株，在田裡發育一年後的苗。於9月下旬～3月於市面上流通。

新苗
8月～10月進行切接法及切接法進行芽接法的植株，或是1月～2月進行切接法的植株，在春季換盆的苗。約於3月下旬～7月左右在市面上流通。

註 台灣大多是扦插苗。

新梢
從芽長出的枝條。玫瑰，指的是新長出來且狀態良好的枝條。

側枝
枝條途中，從比較上部發育出來的強壯枝條。

筍芽
從植株基部發育的強壯枝條。將來會成為植株主幹的枝條。

修剪
替庭木及果樹切除枝條或藤蔓的作業。玫瑰的修剪，為了取得良花及修整樹形，請透過修剪來限制花朵數量，讓花莖變長，花朵開得更碩大。四季開花性的玫瑰，開花後修剪及摘除側枝，皆屬修剪的一部分。

誘引
針對蔓性玫瑰進行修剪、整枝，讓枝條橫倒，或是纏繞綁定在拱門、牆面及花柱等物體上的作業。一般是在冬季（12月下旬～1月中旬左右）進行。

摘心、摘芽
摘除新梢前端，或是摘除花蕾。也稱為摘心、摘蕾。

開花調整
藉由摘芽、加溫或低溫處理、成長調節物質等各種手段，讓花朵於非自然花期綻放的作業。玫瑰栽培主要是利用摘芽來進行開花調整。

遮光
遮住光線，以營造陰涼環境，也稱為遮陰。

基肥
種植玫瑰之前，投入植株栽種洞穴內，或是混入土壤中的堆肥或肥料。

追肥
基肥之後施用的肥料，稱為追肥。一般以化學肥料居多。

寒肥
追肥的一種，因為在冬季進行故稱為寒肥。在離庭園栽種的玫瑰植株一點距離之處挖洞，放入堆肥與肥料。

砧木
玫瑰用嫁接繁殖時，用來接著欲繁殖之玫瑰芽的植株。

接穗

準備用來嫁接或扦插繁殖的玫瑰枝條。嫁接時，切取接穗的芽接在砧木上。扦插時，切取適當長度的枝條插入土中，稱為插穗。

幼苗移植

以嫁接及扦插發根的芽，從苗床移植到盆器中。

換盆

盆植栽種的苗及植株在成長過程中，移植到其他盆器中，或是使用相同盆器但是替換新土來栽種。

殘花

花開過後的花朵。

團粒構造

土的粒子與土壤內的有機物質聯繫，變成小團狀的構造。團粒構造的土，排水性、保水性良好，最適合用於玫瑰栽培。

單粒構造

土的粒子變成非常微粒的構造。砂或黏土等土壤，不適合用於玫瑰栽培。

形成層

樹皮與木質部之間的組織，嫁接時砧木的形成層與接穗的形成層接合、融合。

EC

導電度（electorical conductivity），用來表示土壤中的水溶性鹽類的總和濃度。數值高表示土壤中鹽類較多。一般來說，化學肥料過多的話，鹽類濃度會變高，EC相對也高。

忌地

某種作物再次栽種時，出現發育不良或收穫減少的現象，稱為連作障礙。這種連作障礙就稱為忌地現象，或是忌地。

營養生長

植物的營養器官，如：葉、莖、枝條分化所形成。

芽變

芽的部分突然發生異變，一部分的枝條出現與原木不同性質的現象，稱為芽變，於此生長的枝條則稱為芽變。若此變異穩定，以嫁接或扦插繁殖時，可因此取得新品種。

休眠

植物的種子或芽停止生長。一般指的是在寒冷或乾燥等不適合生長的環境下，暫時停止生長的狀態。

蒸散

植物體內的水分從葉片及莖變成水蒸氣流失。

返祖現象

因芽變出現的形質，回復到與原本的親株相同。

盲枝

花芽在形成階段停止發育的枝條。受日照或氣溫影響所致。

和子女士　Mrs.Kazuko 76
亨利·方達　Henry Fonda 67
火星　Fireglow 23
婚禮鐘聲　Wedding Bells 27, 62, 88, 148, 151
皇家樹莓　Raspberry Royal 22
黃色鈕扣　Yellow Button 157
紅心 A　Herz Ass 71
紅伊甸　Rouge Pierre de Ronsard 65
紅衣主教黎胥留　Cardinal de Richelieu 20, 42

ㄐ
雞尾酒　Cocktail 25, 27
家居庭園　Home & Garden 66
精靈號角　Elveshorn 72

ㄑ
齊格飛　Siegfried 63
巧克力花　Ciocofiore 23
俏麗貝絲　Dainty Bess 27
犬薔薇　Rosa canina 169

ㄒ
吸引力　Knock Out 61
希望與夢想　Hopes and Dreams 73
夏琳親王妃　Princesse Charlene de Monaco 63
夏洛特夫人　Lady of Shalott 25, 64
夏晨　Sommermorgen 22
夏日回憶　Summer Memories 65
夏日早晨　Sommermorgen 61
小特里亞農宮　Petit Trianon 71, 149, 155
小紅帽　Rotkappchen 69
笑顏　Emi 66
新娘頭冠　Bridal Tiara 70
新娘萬歲　Vive la Mariée! 27, 61
新日出　New Dawn 172
香水月季　Odorata 188
杏子糖果　Apricot Candy 64
杏色漂流　Apricot Drift 92
雪梅揚　Snow Meillandina 181
薰乃 29

ㄓ
珍特曼夫人　Madame Zoetmans 20
陣雪　Snow Shower 43

ㄔ
重瓣吸引力　Double Knock Out 102
柴可夫斯基　Tchaikovski 74
橙色梅揚　Orange Meillandina 23
傳說　Fabulous 22
春風 187
純真天堂　Simply Heaven 26, 68

ㄕ
神秘香氛　Secret Perfume 67
睡午覺　Siesta 22

ㄖ
熱情　Netsujo 74, 156

若望保祿二世　Pope John Paul II 22, 72
瑞伯特爾　Raubritter 50, 71, 104, 178
瑞典女王　Queen of Sweden 25, 147, 164

ㄗ
紫花之王玫瑰　Rose de Roi a Fleurs Pourpres 20

ㄙ
薩哈拉 98　Sahara'98 ....34, 43, 178
森巴舞曲　Rio samba 24
桑格豪森的喜慶　Sangerhauser Jubilaumsrose 160
蘇菲的玫瑰　Sophy's Rose 23, 26

ㄚ
阿弗雷德卡里埃爾夫人　Madame Alfred Carrière 21
阿蒂蜜斯　Artemis 69
阿爾布雷希特·杜勒玫瑰　Albrecht Dürer Rose 24

ㄞ
矮仙女 09　Zwergenfee '09 77
艾拉絨球　Pomponella 62
愛麗珊德拉肯特公主　Princess Alexandra of Kent 23, 34
愛蓮娜　Elina 161

ㄠ
奧林匹克聖火　Olympic Fire 70

ㄢ
安德烈·葛蘭迪　Andre Grandier 62
安如的雷納　Rene d'Anjou 166

ㄧ
伊豆舞孃　Dancing Girl of Izu 66, 162
伊莉莎白女王　Queen Elizabeth 22
伊呂波　Iroha 48
亞伯拉罕達比　Abraham Darby 23, 27
優雅女士　Elegant Lady 22
尤里卡　Eureka 67, 163
有點藍　Kinda Blue 63
陽光古董　Sunny Antike 24, 33
陽光吸引力　Sunny Knock Out 69

ㄨ
烏拉拉　Urara 73
無憂綺麗　Carefree Wonder 66
我的花園　My Garden 26, 64, 85
偉大的愛　Grande Amore 179
衛城浪漫　Acropolis Romantica 66

ㄩ
宇宙　KOSMOS 63, 158
永恆藍調　Perennial Blue 65, 84

玫瑰名稱索引

ㄅ

博尼卡 '82　Bonica '82 188
白蘭度　Bailando 68
白色梅安　White Meidiland 26, 63
白伊甸　Blanc Pierre de Ronsard 49, 64
貝芙麗　Beverly 60
半重瓣白薔薇　Rosa Alba Semi-Plena 20
冰山　Iceberg 32, 71
布羅德男爵　Baron Girod de l'A 21
波麗露　Bolero 26, 61, 85, 104

ㄆ

佩特奧斯汀　Pat Austin 74, 165
蓬蓬巴黎　Pompon de Paris 21

ㄇ

瑪蒂蓮達　Matilda 65
瑪麗玫瑰　Mary Rose 68
摩納哥公爵　Jubil'e du Prince de Monaco 75
摩納哥王妃　Princesse de Monaco 70
莫梅森的紀念品　Souvenir de la Malmaison ...25, 69,167
玫瑰花園　Garden of Roses 61
滿大人　Mandarin 27, 77
蔓性冰山　Iceberg, Climbing 179
蔓性米蘭爸爸　Papa Meilland, Climbing 25
蔓性黃金兔　Gold Bunny, Climbing 25
蔓性夏之雪　Summer Snow, Climbing 33
蔓性薩拉邦德　Sarabande 51
蔓性櫻霞 176
蔓伊甸　Pierre de Ronsard 65, 174
蒙娜麗莎　Mona Lisa 24
蒙娜麗莎的微笑　Sourire de Mona Lisa 64
迷人的夜晚　Enchanted Evening 154
米拉瑪麗　Miramare 26, 74
米蘭爸爸　Papa Meilland 86
木香花 187

ㄈ

法蘭西斯　Francis 179
法國蕾絲　French Lace 22
法國花園　Jardins de France 72
佛羅倫蒂娜　Florentina 32, 61
凡爾賽玫瑰　La Rose de Versailles 69
粉紅母親節　Pink Mother's day 76
粉紅法國蕾絲　Pink French Lace 27
粉紅夏之雪　Pink Summer Snow 65, 187
粉紅重瓣吸引力　Pink Double Knock Out 104
粉色漂流　Pink Drift 72
粉月季　Rosa chinensis Old Blush 168
芳香蜜杏　Fragrant Apricot 67
復古蕾絲　Antique Lace 69

ㄉ

達文西　Leonard da Vinci 75
戴高樂　Charles de Gaulle 73

淡粉紅吸引力　Blushing Knock Out 104, 155
迪士尼樂園玫瑰　Disneyland Rose 73
第一次臉紅　First Blush 146, 152
第一印象　First Impression 23, 77

ㄊ

泰迪熊　Teddy Bear 77
桃香　Momoka 29, 75
甜蜜戴安娜　Sweet Diana 77
甜蜜花束　Honey Bouquet 27, 72

ㄋ

寧靜　Tranquillity 159
檸檬酒　Limoncello 60
娜赫瑪　Nahema 29
諾瓦利斯　Novalis 23, 62, 118

ㄌ

拉‧法蘭西　La France 21
拉‧法蘭西 '89　La France '89 21
藍寶石　Blue Bajou 71
浪漫貝爾　Belle Romantica 25, 68, 179
浪漫寶貝　Baby Romantica 27, 73
浪漫的夢　Umilo 62
浪漫古董　Romantic Antike 26, 67
浪漫陽光　Sunlight Romantica 70
歷史　History 71
麗江薔薇　Lijiang Road Climber 51
戀情火焰　Mainaufeuer 62
路易歐迪　Louise Odier 21
羅布斯塔　Robusta 50
羅斯‧瑪麗　Rose-Marie 188
羅森道夫　Rosendorf Sparrieshoop 178
蘿莎莉　Rosalie Lamorlière 63
綠光　Ryokko 75

ㄍ

格里巴爾多‧尼古拉　Gribaldo Nicola 21
葛拉漢湯瑪士　Graham Thomas 165
光輝　Kagayaki 73
功勳　Exploit 23

ㄎ

咖啡喝采　Coffee Ovation 76, 77
卡美洛　Camelot 68
卡琳特　Caliente 77
卡爾普羅波格月季　Karl Ploberger 75
克萊門蒂娜‧卡邦尼爾蕾　Clementina Carbonieri 21
克莉斯汀‧迪奧　Christian Dior 74
凱倫　Karen 27
快舉　Kaikyo 86

ㄏ

赫爾穆特‧科爾　Helmut Kohl Rose 75
海蒂克隆玫瑰　Heidi Klum Rose 70
黑巴克　Black Baccara 34
黑蝶　Kurocho 22, 26, 67
黑火山　Lavaglut 72
和平　Peace 22

▲台北玫瑰園入口處，往內部延伸皆為質樸愜意的木棧步道。

台北玫瑰園

＊地址：台北市新生北路三段 105 號
＊開放時間：8:00 ～ 17:00，免費入園

位於花博公園新生園區西北側的玫瑰園，面積約３００多坪，
栽種將近６００個品種、２０００多株的玫瑰。
每到花期，上千朵的玫瑰綻放爭艷。
園區鋪設木棧步道、踏石，還有拱門圍籬造景，
讓蔓性玫瑰攀爬形成花門、花牆景致，
走在其中，可感受濃濃的異國浪漫風情。

▶亮桃紅色的圓瓣平開型烏拉拉玫瑰，四季開花不間斷，是玫瑰園的人氣品種。

▼拱門花架上，爛漫盛開的蔓性玫瑰
由高處倒垂如流水。

▼木造籬笆上頭，在盛花時期，攀爬
整面的玫瑰花牆，美得令人屏息。

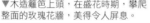

▲▶除了玫瑰，園區內亦有搭配其它草花與觀葉植物，增添層次感與植物多樣化。

◀玫瑰拱門是台北玫瑰園最浪漫的駐足點之一。

▼盛開的玫瑰，總是帶給人驚喜與開懷的心情。

◀玫瑰溫室內，配合花藝設計佈置，氣氛浪漫無比，彷彿置身婚禮禮堂。

士林官邸

*地址：台北市士林區福林路 60 號
*開放時間：週一～週五 8:00 ～ 17:00，
　　　　　　六、日及假日：8:00 ～ 19:00

士林官邸裡面有一處玫瑰園，
戶外花圃栽培了數量種類豐富的各式玫瑰，
花季時，紅、白、粉、黃各色玫瑰熱情綻放，
迷人的香氣和繽紛的色彩十分怡人。
另外還有玫瑰溫室，更是會在
士林官邸舉辦玫瑰花季展時特別佈置，
呈現出高雅的歐式氛圍。
展覽區更可欣賞珍奇的新品種玫瑰，
各式花色、花形令人著迷。

▼▶雍容華貴的玫瑰，在花藝設計師的運用之下，成為傳達心意的最佳花禮。

▼室外展區的各品種玫瑰，在陽光溫度的烘托下，香氣濃郁四溢。

▲精心陳列的盆栽玫瑰，可漫步辨識他們的品種特徵。

▲喜愛山茶花的「花村長」，與深愛樹玫瑰的妻子「花貝拉」，以將近7年時間，打造出來的秘密境地。

③

花田村玫瑰園

* 地址：嘉義縣竹崎鄉嘉義縣竹崎鄉灣橋村枋仔林 6-8 號
* 開放時間：週一～週三 11:00 ～ 17:30；
　　　　　　周六日：8:00 ～ 17:30
* ＦＢ：花田村
* 網站：http://huatianchaiyi.blogspot.tw/

位於嘉義灣橋依山傍水的花田村，佔地 1800 坪，
園區內專業培植樹玫瑰與山茶花，目前已有百餘品種可供觀賞。
村長夫婦倆用心投入栽培，未來以成立樹玫瑰主題園區為目標。
園區中附設玫食刻咖啡廳，提供遊客簡易輕食與手沖咖啡，
遊客來此可一邊賞花、一邊享受咖啡烘焙香。

◄樹玫瑰開花量豐碩，可以奢侈的享用瀰漫在空氣中的香氣洗滌身心。

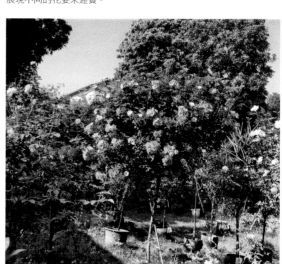

▲漫步在寬敞而蜿蜒的走道上，可見各式玫瑰，
展現不同的花姿來迎賓。

▲在園區中，被將近三千株樹玫瑰與山茶花所包圍，可細細辨識
各種高雅細緻花香。

213　※ 相片提供：花田村玫瑰園

雅聞七里香玫瑰森林

※地址：苗栗縣頭屋鄉明德村明德路 226 號
※開放時間：8:30 ～ 17:00
※ＦＢ：雅聞七里香玫瑰森林
※官網：http://www.arwin.com.tw/

位於明德水庫風景服務區旁，由一座天然的百年七里香山林環抱，
園區內種植數百種各地引進的玫瑰，
並劃分成宮廷玫瑰區、經典玫瑰區、玫瑰綠廊、
品種玫瑰區、英國玫瑰花園、以及世界玫瑰花園。
春季是玫瑰盛開期，搭配園區內世界著名的地標造景，
在園區中就能感受彷彿置身異國的浪漫風情。
最佳賞花期：秋季花，約在十一月中下旬；春季花，約在四到五月。

◀山坡地形的玫瑰花園，穿插國外著名地標造景，
是感情急速加溫的愛戀情境。

▲園區內廣植六百多種玫瑰，不妨放慢腳步，用相機鏡頭蒐集你喜歡的花色。

▼▶以玫瑰為主題的觀光工廠，結合休閒
與玫瑰生活運用體驗。

▲小份尾幸福田正因為地處偏僻，才能享有完全樸實的田園風情。

▲被暖暖的花香環繞，是每個人都嚮往的一畝幸福田。

5

小份尾幸福田休閒農場

※ 地址：高雄市杉林區司馬路 202-6 號
※ 開放時間：週一～週三、週五～週日 10:30 ～ 17:00
※ F B：小份尾幸福田

位於高雄市杉林區，在遠離塵囂的鄉下地方，
孕育出一片私人的樹玫瑰庭園，栽培了 500 種以上五彩繽紛的玫瑰，
高雅清新或者熱情嬌豔的花色令人目不暇給。
在遼闊的草原上，還有回收運用的裝置造景，增添了園區的特色風貌，
且是登記許可的合法休閒農場。
除了漫步賞玫，也可在花園中露天用餐和品嘗下午茶點，舒適悠閒。

▶ 近距離欣賞玫瑰，濃郁的花香，令人陶醉。

▼諾大的休閒空間，賞花、散步、遊戲、奔跑，大小朋友與毛小孩，都能各得其樂。

▲在主人細心照料之下，即使地處炎熱的南台灣，花況依然豐厚。

標示的圖例

開花時期	四季	……四季開花性
	重複	……重複開花性
	一季	……一季開花性
香氣強度	強香	……香氣濃郁
	中香	……香氣中等
	微香	……香氣微弱
種植環境	盆	……適合盆植栽種
	庭	……適合庭園栽種

系統的英文縮寫

F ：中輪豐花玫瑰
HT ：大輪玫瑰
CL ：蔓性玫瑰
S ：灌木型玫瑰
Min ：迷你玫瑰
ER ：英國玫瑰
Tea ：茶玫瑰

進入玫瑰栽培，必定要朝聖的地方便是位在彰化的「芳香玫瑰園」與「美加美玫瑰園」，來此可感受整片香氣襲人的美艷玫瑰花園展開眼前，賞花、買花、諮詢栽培方式，都可在此一次滿足。

在此也特別邀請「芳香玫瑰園」與「美加美玫瑰園」為讀者推薦開花性良好，強健抗病，最適合在台灣栽培的玫瑰品種。

芳香玫瑰園
—育種與代理品牌玫瑰

＊地址：彰化縣田尾鄉打簾村民生路一段355號
＊開放時間：8:00 ～ 18:00
＊ＦＢ：芳香玫瑰園
＊官網：http://blog.xuite.net/joy_312/twblog

芳香玫瑰園位於彰化縣田尾鄉，園主夫婦因為對玫瑰的癡迷，引進日本羅莎歐麗各種美麗玫瑰，特別挑選能適應台灣氣候，開花性好的品種，同時也要把台灣自己育種的玫瑰送到國外做交流。園中約有 300 種玫瑰，園主自己育種的「紫星」，還曾在士林官邸舉辦的「玫瑰玫瑰我最美」網路票選活動中，拿下超人氣冠軍。
（以下圖文提供：芳香玫瑰園）

中輪豐花玫瑰

人間天堂
—Heaven on Earth—

系統：F
樹形：半直立性
樹高：90 ～ 120 公分

粉橙色重瓣古典杯型，豐花叢開，植株低矮。適合庭園美化與盆栽培育。
發表年：2003 年
育出者：W. Kordes & Sons/Wilhelm Kordes III
育出國：德國

盆 庭 四季 強香

伊豆舞孃
—Dancing Girl of Izu—

系統：F
樹形：直立性
樹高：80 ～ 120 公分

花為明亮的鮮黃色，開花性佳，又名 Carte d'Or。為法國巴黎市贈與日本靜岡縣河津町「河津バガテル公園」的友好紀念花。
育出年：2001 年
育出者：Alain Meilland
育出國：法國

盆 庭 四季 中香

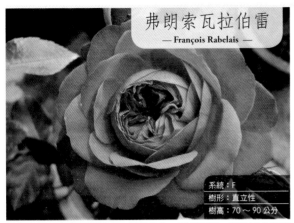

弗朗索瓦拉伯雷
—François Rabelais—

系統：F
樹形：直立性
樹高：70～90 公分

瓣色亮紅，古典重瓣花型，花期持久，不易凋謝。以法國文藝復興時代作家為名。

育出年：1998 年
育出者：Meilland International
育出國：法國

盆庭 四季 微香

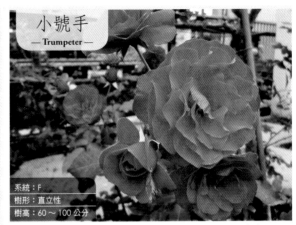

小號手
—Trumpeter—

系統：F
樹形：直立性
樹高：60～100 公分

花色為搶眼的橙紅色，植株低矮，適合庭園美化與盆栽培育。

發表年：1977 年
育出者：Samuel Darragh McGredy IV
育出國：紐西蘭

盆庭 四季 微香

茉莉亞查爾德
—Julia Child—

系統：F
樹形：半橫張性
樹高：60～80 公分

明亮的奶油黃色，圓瓣杯型，氣質高雅，植株強健。

育出年：2004 年
育出者：Tom Carruth
育出國：美國

盆庭 四季 強香

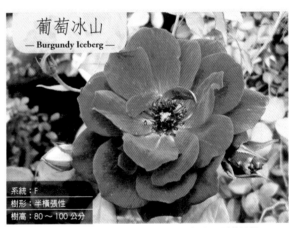

葡萄冰山
—Burgundy Iceberg—

系統：F
樹形：半橫張性
樹高：80～100 公分

冰山系列，由亮粉冰山突變而來。特殊的酒紅色，開花性佳。

育出年：1998 年
育出者：Edgar Norman Swane
育出國：澳洲

盆庭 四季 微香

摩洛哥公爵
—Jubile du Prince de Monaco—

系統：F
樹形：橫張性
樹高：70～90 公分

白底桃紅覆輪色，亮麗鮮豔，植株強健多花。

育出年：2000 年
育出者：Alain Meilland/Michèle Meilland Richardier
育出國：法國

盆庭 四季 微香

白冰山
—Iceberg—

系統：F
樹形：半橫張性
樹高：80～100 公分

冰山系列始祖，純白的花色十分典雅，開花性佳。1983 年第 6 屆德國巴登巴登大會選入玫瑰榮譽殿堂品種。

育出年：1958 年
育出者：Reimer Kordes
育出國：德國

盆庭 四季 微香

雪見
— Sur la Neige —

系統：F
樹形：半橫張性
樹高：100 ～ 130 公分

剛綻放時，是帶點奶油黃的白色，隨著花開漸轉成純白色。波浪狀的花瓣片片，輕透柔美，彷彿就像是飄落下的白色雪片。

發表年：2013 年
育出者：木村卓功
育出國：日本 羅莎歐麗　　　　盆庭　四季　強香

瓜達露佩聖母
— Our Lady of Guadalupe —

系統：F
樹形：半橫張性
樹高：70 ～ 90 公分

粉嫩高雅的淡粉色，開花性佳，適合庭園美化與盆栽培育。

育出年：2000 年
育出者：Dr. Keith W. Zary
育出國：美國　　　　盆庭　四季　微香

貝芙麗
— Beverly —

系統：HT
樹形：半橫張性
樹高：80 ～ 120 公分

植株強健抗病性強、耐熱性強。香味被法國的調香師形容為「由成熟的荔枝與李子混合而成的華麗香味」。

發表年：2007 年
育出者：W. Kordes & Sons
育出國：德國 Kordes　　　　盆庭　四季　強香

大輪玫瑰

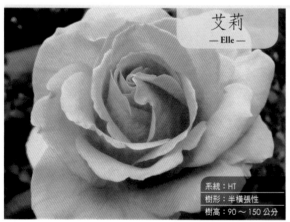

艾莉
— Elle —

系統：HT
樹形：半橫張性
樹高：90 ～ 150 公分

花型碩大，香味濃郁。以全球最暢銷的法國時尚類女性雜誌 ELLE 為名。

發表年：1999 年
育出者：Jacques Mouchotte
育出國：法國　　　　盆庭　四季　強香

古典焦糖
— Caramel Antike —

系統：HT
樹形：直立性
樹高：90 ～ 120 公分

冬季花中央如同焦糖般的色澤，夏季則為明亮的黃色。花朵碩大密實。

育出年：1997 年
育出者：Tim Hermann Kordes
育出國：德國　　　　盆庭　四季　中香

蜜妮

系統：HT
樹形：直立性
樹高：80～120 公分

香味濃厚的無刺玫瑰，高人氣品種。
最常被用於製作玫瑰果醬、玫瑰花露、玫瑰酒、玫瑰醋等副產品。
育出年：不詳
育出者：不詳
育出國：不詳

盆 庭 四季 強香

雙喜
— Double Delight —

系統：HT
樹形：橫張性
樹高：90～150 公分

花香濃郁，花色中心乳黃，鮮紅覆輪色，亮麗搶眼，搶手香水品種。
1985 年第 7 屆加拿大多倫多大會選入玫瑰榮譽殿堂品種。
育出年：1977 年
育出者：A.E. & A.W. Ellis/Herbert C. Swim
育出國：美國

盆 庭 四季 強香

奇蹟
— Kiseki —

系統：HT
樹形：半橫張性
樹高：90～130 公分

花瓣為桃紅色與白色絞紋，葉片油亮，植株強健，開花持久。為
巴隆洛察在台灣的芽變種。
育出年：2003 年
育出者：張重陸
育出國：台灣

盆 庭 四季 強香

月光石
— Moonstone —

系統：HT
樹形：直立性
樹高：120～150 公分

花色白，瓣端粉紅覆輪色，花朵碩大，花型優美，植株強健。

育出年：1998 年
育出者：Tom Carruth
育出國：美國

盆 庭 四季 微香

莫里斯尤特里羅
— Maurice Utrillo —

系統：HT
樹形：半直立性
樹高：100～120 公分

有著紅、黃、橘、粉等多種顏色形成的特殊絞紋花。植株強健，
開花量多。
發表年：2003 年
育出者：G. Delbard
育出國：法國

盆 庭 四季 微香

皇家胭脂
— Rouge Royale —

系統：HT
樹形：半橫張性
樹高：120～150 公分

具華麗高貴的鮮紅色，重瓣簇生花型，花朵碩大，香味濃烈。

育出年：2000 年
育出者：Jacques Mouchotte
育出國：法國

盆 庭 四季 強香

灌木型玫瑰

愛玲卡
—Alinka—

系統：HT
樹形：直立性
樹高：80～100 公分

中心橘黃色瓣端為紅色的覆輪花色。顏色亮眼，植株強健。

育出年：1985 年
育出者：Reimer Kordes
育出國：德國

四季 微香

冒險家
—Odysseia—

系統：S
樹形：直立性
樹高：140～160 公分

春秋等低溫期時是微微妖豔帶紫的黑紅色，高溫的夏天時是熱情
的深紅色。波浪花瓣，半八重的簇花狀花形，一莖多花，也適用
於切花。

發表年：2013 年
育出者：木村卓功　　　育出國：日本 羅莎歐麗

盆庭 四季 強香

新浪
—New Wave—

系統：HT
樹形：直立性
樹高：100～120 公分

花瓣為特殊的波浪瓣，香味濃厚。花色為淺紫色極具魅力的花。

育出年：2000 年
育出者：寺西菊雄
育出國：日本

盆 四季 強香

葡萄園之歌
—Vineyard Song—

系統：S
樹形：半蔓性
樹高：90～120 公分

開花成串，育出者 Moore 先生常用 "一串葡萄" 形容此株開花時
的型態。

發表年：1999 年
育出者：Ralph S. Moore
育出國：美國

盆庭 四季 強香

愛與和平
—Love & Peace—

系統：HT
樹形：直立性
樹高：120～150 公分

花以黃色為基底，橘紅色覆輪在花上，色澤明亮搶眼。
為國際知名華裔玫瑰育種家，林彬之代表作品。

發表年：2002 年
育出者：林彬
育出國：美國

盆庭 四季 微香

粉滿天星
— Gartendirektor Otto Linne —

系統：S
樹形：蔓性
樹高：120～150 公分

粉紅迷你多花成串，如瀑布般垂吊下來。植株強健，抗病性強。

育出年：1934 年
育出者：Peter Lambert
育出國：德國

盆庭 四季 微香

貝斯夫人
— Wife of Bath —

系統：S
樹形：直立性
樹高：80～120 公分

花色粉嫩，強沒藥香，花瓣數多，花形杯型，開花性佳。

育出年：1969 年
育出者：David Austin
育出國：英國

盆庭 四季 強香

水蜜桃漂移
— Peach Drift —

系統：S
樹形：橫張性
樹高：40～60 公分

花色為特殊的亮橘色，豐花叢開，植株低矮，適合庭園美化與盆栽培育。

育出年：2006 年
育出者：Alain Meilland
育出國：法國

盆庭 四季 微香

安部姬
— Ambridge Rose —

系統：S
樹形：直立性
樹高：80～120 公分

明亮的杏粉色，優雅的杯狀花形，強烈沒藥香。

育出年：1990 年
育出者：David Austin
育出國：英國

盆庭 四季 強香

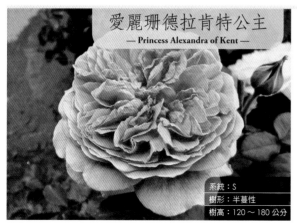

愛麗珊德拉肯特公主
— Princess Alexandra of Kent —

系統：S
樹形：半蔓性
樹高：120～180 公分

溫暖的粉紅色，深杯花型。以伊莉莎白女王二世的表妹 Princess Alexandra 為名。

育出年：2007 年
育出者：David Austin
育出國：英國

盆庭 四季 強香

亞伯拉罕達比
— Abraham Darby —

系統：S
樹形：直立性
樹高：120～200 公分

瓣色粉紅，瓣底杏黃色，強果香味，花朵碩大，花瓣密實。花名來源為祝賀亞伯拉罕達比及他兒子與孫子在工業革命中扮演了重要的角色。

育出年：1985 年
育出者：David Austin　育出國：英國

盆庭 四季 強香

克勞德莫內
— Claude Monet —

系統：S
樹形：直立性
樹高：80～100 公分

具粉色黃色等顏色鮮明的絞紋花，杯狀花形，開花量多。

發表年：2012 年
育出者：Delbard
育出國：法國 Delbard

盆 庭 四季 中香

裘比利慶典
— Jubilee Celebration —

系統：S
樹形：橫張性
樹高：120 公分

鮭魚粉色，強檸檬與覆盆子香。David Austin 很榮幸的在伊莉莎白女王登基 50 周年紀念慶典上命名此花。被 David Austin 稱為至今發表的最好品種之一。
育出年：2002 年
育出者：David Austin　育出國：英國

盆 四季 強香

真宙
— Masora —

系統：S
樹形：半蔓性
樹高：120～150 公分

花為杏色，杯型花，花瓣數多。葉片油亮，植株強健。有甜水果味之強香。

發表年：2009 年
育出者：吉池貞藏
育出國：日本

盆 庭 四季 強香

葛拉米斯城堡
— Glamis Castle —

系統：S
樹形：直立性
樹高：80～120 公分

純白色具經典古典花形，深杯花型，強烈沒藥香。葛拉米斯城堡位於蘇格蘭，是伊莉莎白女王陛下童年的家，以及莎士比亞戲劇"馬可白"中場景所在。
育出年：1992 年
育出者：David Austin　育出國：英國

盆 庭 四季 中香

香織裝飾
— Kaolikazali —

系統：S
樹形：半橫張性
樹高：80～100 公分

杏黃色為基底再染上粉紅色和橘色，帶著甜甜的水果香。
一莖多花，枝條細卻能開出 3～4 朵。花瓣質感硬，所以不怕雨，單花花期也長。
發表年：2012 年
育出者：國枝啟司　育出國：日本

 盆 四季 強香

龐帕杜夫人
— Rose Pompadour —

系統：S
樹形：半蔓性
樹高：150～180 公分

花瓣數多的大輪花，夏天的耐熱性很好，強香水味。

發表年：2009 年
育出者：Arnaud Delbard
育出國：法國 Delbard

盆 庭 四季 強香

芳香玫瑰園
許古意
育出

雪拉莎德
— Sheherazad —

系統：S
樹形：直立性
樹高：80～120 公分

以大馬士革和茶香為基底再融合了水果香，微尖有個性的花瓣，散發出不同的魅力。耐暑又抗病性高的她，值得推薦。

發表年：2013 年
育出者：木村卓功
育出國：日本 羅莎歐麗

盆庭 四季 強香

日出
— Hinode —

系統：HT
樹形：半橫張性
樹高：90～130 公分

花色粉白，瓣端粉紅覆輪色，瓣背近粉白色為其特色。葉片油亮，植株強健，開花持久。為巴隆洛蔡在台灣的芽變種。

育出年：1998 年
育出者：許古意
育出國：台灣

盆 四季 強香

藍色天空
— Le Ciel Bleu —

系統：S
樹形：半直立性
樹高：120～140 公分

此款在藍紫色系中，有相當高的耐病性。在低溫期花色是帶青色的藤紫色，高溫期時是帶紫的粉紅色。甜甜的香味配上柔和顏色，葉片則是明亮的綠色。

發表年：2012 年
育出者：木村卓功　育出國：日本 羅莎歐麗

盆庭 四季 中香

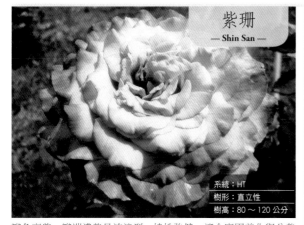

紫珊
— Shin San —

系統：HT
樹形：直立性
樹高：80～120 公分

瓣色亮紫，瓣端濃紫具波浪型，植株強健，適合庭園美化與盆栽培育。

發表年：2008 年
育出者：許古意
育出國：台灣

盆庭 四季 強香

達芙妮
— Daphne —

系統：S
樹形：半直立性
樹高：140～160 公分

剛綻放時是充滿透明感的粉紅色，慢慢會轉變成米色，最後變為淡綠色。就如同為了逃避阿波羅的愛，而變成綠色月桂樹的達芙妮一般。

發表年：2014 年
育出者：木村卓功　育出國：日本 羅莎歐麗

盆庭 四季 中香

桃喜之戀
— Adorable Love —

系統：HT
樹形：直立性
樹高：80～120 公分

柔粉花色是看上「桃喜之戀」的第一好印象。花型碩大，花瓣特別飽滿，來花性速度快，比同時期修剪的其他品種更早開花，可以常常賞花。
發表年：2015 年
育出者：許古意　　育出國：台灣

盆 庭 四季 微香

夢幻水晶
— Fantasy Crystal —

系統：HT
樹形：直立性
樹高：80～120 公分

具有「夢幻」般的舒服香味，「水晶」般的清澈透明感，有著飽滿的傳統玫瑰花型，花中心卻又透出薄紫色的夢幻色彩，以及強烈迷人的香味。
發表年：2015 年
育出者：許古意　　育出國：台灣

盆 四季 強香

紫星
— Shin Hoshi —

系統：F
樹形：直立性
樹高：80～120 公分

瓣紫芋色，圓瓣杯型，植株強健，多花性，適合庭園美化與盆栽培育。
發表年：2008 年
育出者：許古意
育出國：台灣

盆 庭 四季 中香

紫玉
— Shin Jade —

系統：HT
樹形：直立性
樹高：80～120 公分

紫珊的突變品種，花朵碩大強香，白色中透出微微的紫色，植株強健，適合庭園美化與盆栽培育。在夏季高溫時，則是較淺的灰紫色。
發表年：2015 年
育出者：許古意　　育出國：台灣

盆 庭 四季 強香

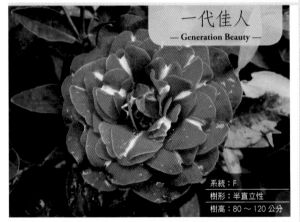

一代佳人
— Generation Beauty —

系統：F
樹形：半直立性
樹高：80～120 公分

瓣色桃紅，花瓣邊緣鑲有白邊，無刺，豐花性，適合庭園美化與盆栽培育。
育出年：2005 年
育出者：許古意
育出國：台灣

盆 庭 四季 微香

萬紫千紅
— A Riot of Color —

系統：HT
樹形：直立性
樹高：80～120 公分

傳統的玫瑰花型。在浪漫紫的花色裡，暈出紫紅色的花邊。「萬紫千紅」的花名，真切的表達出此品種最重要的特色。
發表年：2016 年
育出者：許古意
育出國：台灣

盆 庭 四季 中香

貝蒂至上
— Betty Prior —

系統：F
樹形：半直立性

一莖多花特殊的半重瓣邊緣波浪花形，有淡淡茶香，花數量多適合新手種植的玫瑰。

發表年：1935 年
育出者：D. Prior & Son
育出國：英國

盆 庭 四季

畢沙羅
— Camille Pissarro —

系統：F
樹形：半直立性

黃、橘、紅、白四種條紋變化，微微香氣、半直立性，抗病優秀，以著名印象派畫家 " 畢沙羅命名。

發表年：1996 年
育出者：Georges Delbard
育出國：法國

盆 庭 四季

櫻桃派
— Cherry Parfait —

系統：F
樹形：半直立性

白底紅色覆輪滾邊，顏色變化大，庭園中相當耀眼的玫瑰品種。又稱 " 摩納哥公爵（Jubilé du Prince de Monaco）"。

發表年：2000 年
育出者：Alain Meilland
育出國：法國

盆 庭 四季

美加美玫瑰園
（美嘉美園藝有限公司）
—稀有玫瑰寶藏庫—

＊地址：彰化縣田尾鄉打簾村公園路二段 215 巷 40 弄 156 號
＊開放時間：9:00 ～ 18:00
＊F B：Imagination Rose Garden
　　　　美加美玫瑰園 (美嘉美園藝有限公司)
＊官網：http://blog.xuite.net/emily642157/twblog

美加美玫瑰園位於彰化縣田尾鄉，自民國 65 年便開始種植玫瑰花，最初期是種植與供應切花，後來漸漸轉型，現在每年都從國外引進玫瑰花，包含現代玫瑰、古典玫瑰、樹型玫瑰與蔓性玫瑰，擁有 400 種以上正式命名的玫瑰品種，愛花人想找罕見與新款品種來這裡準沒錯！
（以下圖文提供：美加美玫瑰園）

中輪豐花玫瑰

古色浪漫
— Antique romantica —

系統：F
樹形：半直立性

屬於切花玫瑰，花色為白奶油色，深杯狀花形，每簇 3 ～ 5 朵花，四季開花強健種。

發表年：不詳
育出者：Meilland
育出國：法國

盆 庭 四季

浪漫伊甸園
— Eden Romantica —

系統：F
樹形：半直立性

淡香或無味屬於切花玫瑰，花色粉橘色轉綠，深杯狀花形，每簇3～5朵花，四季開花強健種。

發表年：2003 年
育出者：Meilland
育出國：法國

盆庭 四季

奶油伊甸園
— Creamy Eden —

系統：F
樹形：半直立性

淡香或無味屬於切花玫瑰，花色淡黃，深杯狀花形，每簇3～5朵花，四季開花強健種。

發表年：2007 年
育出者：Meilland
育出國：法國

盆庭 四季

一諾千金
— Good As Gold —

系統：F
樹形：半直立性

淡香，半劍瓣平開花形，金黃色系慢慢轉成紅色，開花性極佳抗病強，適合新手與接樹玫瑰品種。

發表年：2013 年
育出者：Tom Carruth
育出國：美國

盆庭 四季

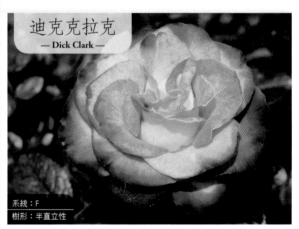

迪克克拉克
— Dick Clark —

系統：F
樹形：半直立性

粉紅色的邊緣，淡淡果香玫瑰，以美國知名 American Bandstand 主持人命名紀念。

發表年：2009 年
育出者：Christian Bédard, Tom Carruth
育出國：美國

盆庭 四季

向亞琛致意
— Gruss an Aachen —

系統：F
樹形：半直立性

圓瓣杯型四季開花矮叢，淡淡的象牙白色，優美高雅花型，適合樹蔭下及半日照等地方栽培。

發表年：1909 年
育出者：Philipp Geduldig
育出國：德國

盆庭 四季

遙遠鼓聲
— Distant Drums —

系統：F
樹形：半直立性

顏色非常夢幻多變，有如像是一場顏色變化的交響曲，淡紫色濃茶色，再轉變成淡粉紅色，有一點淡淡的乳黃色變白，非常值得種植。

發表年：1984 年
育出者：Dr. Griffith J. Buck　　　育出國：美國

盆庭 四季

紫木偶
— Lavender Pinocchio —

系統：F
樹形：半直立性

半劍瓣杯型花，淡淡的香氣，開花性優一枝多朵，特殊的紫茶色花，是庭園點綴不可或缺的品種。

發表年：1948 年
育出者：Eugene S. "Gene" Boerner
育出國：美國

盆 庭 四季

茱麗亞查爾德
— Julia Child —

系統：F
樹形：半直立性

奶油黃特殊歐亞甘草香氣，圓瓣杯型矮叢中輪豐花玫瑰，四季開花抗病強健品種。以美國知名廚師 Julia Child 命名。

發表年：2004 年
育出者：Tom Carruth
育出國：美國

盆 庭 四季

情歌
— Love Song —

系統：F
樹形：半直立性

紫色中輪豐花但是此品種植株矮叢即可開花，開花性佳、花朵不輸大輪ＨＴ玫瑰，中等香氣。

發表年：2013 年
育出者：Tom Carruth
育出國：美國

盆 庭 四季

歡欣鼓舞
— Jump For Joy —

系統：F
樹形：半直立性

淡淡的香味，粉橘色系，開花極優多花叢開型，抗病性強好照顧的玫瑰品種。

發表年：2013 年
育出者：Christian Bédard
育出國：美國

盆 庭 四季

美莎琪
— Misaki —

系統：F
樹形：半直立性

強香玫瑰。淡粉桃色半劍瓣花形，矮叢開花性極佳的好花，唯抗病性稍弱。

發表年：2009 年
育出者：國枝啟司
育出國：日本

盆 庭 四季

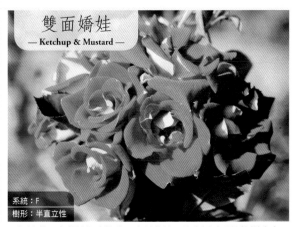

雙面嬌娃
— Ketchup & Mustard —

系統：F
樹形：半直立性

深紅被黃，多花性抗病性強，容易栽培，適合新手及嫁接樹玫瑰。

發表年：2011 年
育出者：Christian Bédard
育出國：美國

盆 庭 四季

漂亮淑女
— Pretty Lady —

系統：F
樹形：半直立性

淺粉紅色系，淡淡杏仁香味，高心半劍瓣花形，多花小簇盛開形式。在庭園中如美人一般的優雅亮麗。

發表年：1997 年
育出者：Len Scrivens
育出國：英國

盆庭 四季

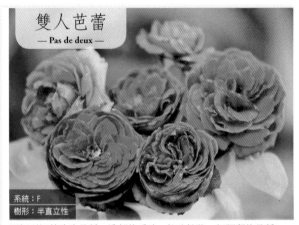

雙人芭蕾
— Pas de deux —

系統：F
樹形：半直立性

圓杯型切花玫瑰品種，濃郁的香味。抗病性強，好照顧的品種。

發表年：2010 年
育出者：今井玫瑰園
育出國：日本

盆庭 四季

彩虹霜淇淋
— Rainbow Sorbet —

系統：F
樹形：半直立性

溫和的香甜氣味，高心半劍瓣花形，如彩虹般的花色。多花性抗病強，庭園中亮麗熱鬧的玫瑰品種。

發表年：2004 年
育出者：Ping Lim
育出國：美國

盆庭 四季

粉色豐度
— Pink Abundance —

系統：F
樹形：半直立性

淡淡香甜味，蓮花般的花型，亮麗的粉橘色。庭園中不能少的配色增艷玫瑰。

發表年：1999 年
育出者：Harkness
育出國：英國

盆庭 四季

繽紛世界
— Topsy Turvy —

系統：F
樹形：半直立性

淡淡香味，開花性就如花名一樣，生長勢強抗病性優，種植一株庭園就熱鬧非凡。

發表年：2005 年
育出者：Tom Carruth
育出國：美國

盆庭 四季

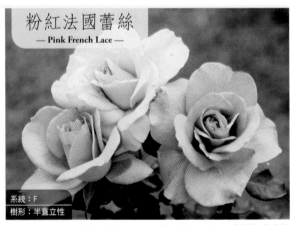

粉紅法國蕾絲
— Pink French Lace —

系統：F
樹形：半直立性

淡淡香味，高心半劍瓣花形，生長勢強健，適合新手種植玫瑰花者選項之一。

發表年：2001 年
育出者：Roses Unlimited
育出國：美國

盆庭 四季

白色甘草
—White Licorice—

系統：F
樹形：半直立性

檸檬、甘草香味，花色由黃至白。生長勢優、抗病性強，適合新手栽種玫瑰之一。

發表年：2009 年
育出者：Christian Bédard
育出國：美國

盆庭 四季

浮雲
— Ukigumo —

系統：F
樹形：半直立性

淡淡香味，半劍瓣平開花形，開花性極佳，一枝多花，抗病性強容易上手的玫瑰花之一。

發表年：1998 年
育出者：京成玫瑰園
育出國：日本

盆庭 四季

夢香
— Yumeka —

系統：F
樹形：半直立性

濃郁強香玫瑰，高心半劍瓣花形，在日本有開發夢香的香水，是庭園內不可少的玫瑰品種。

發表年：2007 年
育出者：武內俊介
育出國：日本

烏拉拉
— Urara —

系統：F
樹形：半直立性

亮桃紅色的豐花中輪玫瑰花，植株強健對黑點病的抗逆性非常優秀，是初學者非常好種植的選擇之一。

發表年：1996 年
育出者：京成玫瑰園
育出國：日本

盆庭 四季

黃色檸檬
— Eyeconic Lemonade —

系統：F
樹形：半直立性

四季開花強健種，散發淡淡香味，黃色平開形中心淡淡紅色像眼睛一樣，花型優雅浪漫。

發表年：2011 年
育出者：James A. Sproul
育出國：美國

漫步陽光
— Walking On Sunshine —

系統：F
樹形：半直立性

淡淡香味，黃玫瑰中的開花機器，耐熱性佳非常適應台灣氣候栽培，作樹玫瑰的優良品種。

發表年：2010 年
育出者：Dr. Keith W. Zary
育出國：美國

榮光
— Eikoh —

系統：HT
樹形：半直立性

黃色粉紅邊高心劍瓣花形，隨著日照越強紅色就越明顯，開花性良好、花期長，看著花就讓人心情愉悅。

發表年：1978 年
育出者：鈴木省三
育出國：日本

盆庭 四季

大輪玫瑰

潔西卡
— Jessika —

系統：HT
樹形：半直立性

濃郁香氣，橙粉紅色，一簇多花，高心半劍瓣波浪花形，生長勢強，抗病性佳。

發表年：1971 年
育出者：Mathias Tantau, Jr.
育出國：德國

盆庭 四季

查爾斯戴高樂
— Charles de Gaulle —

系統：HT
樹形：半直立性

高心型半劍瓣紫色強香玫瑰，以法國前總統戴高樂命名。

發表年：1974 年
育出者：Alain Meilland
育出國：法國

盆庭 四季

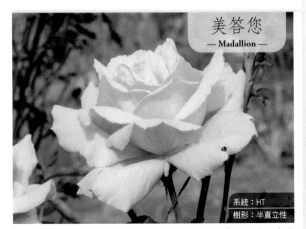

美答您
— Madallion —

系統：HT
樹形：半直立性

半劍瓣高心型，四季開花強健種，花徑最大可到達 18 公分，十分壯觀，花色柔美深受歡迎。

發表年：1973 年
育出者：William A. Warriner
育出國：美國

盆庭 四季

美夢成真
— Deram Come True —

系統：HT
樹形：半直立性

隨著光線的變化，由黃色紅色覆輪玫瑰，高心半劍瓣型，生長勢強健好照顧，開花性優。

發表年：2008 年
育出者：John D. Pottschmidt
育出國：美國

盆庭 四季

糖月
— Sugar Moon —

系統：HT
樹形：半直立性

濃郁香氣的玫瑰，高心半劍瓣。乾淨潔白色系，庭園中最佳配色玫瑰。

發表年：2012 年
育出者：Christian Bédard
育出國：美國

盆庭 四季

桃香
— Momoka —

系統：HT
樹形：半直立性

濃郁強香玫瑰，高心半劍瓣花形，粉紅色討喜色系。開花性極佳，庭園中不可少的玫瑰品種之一。

發表年：2003 年
育出者：武內俊介
育出國：日本

盆庭 四季

扇子
— Ventilo —

系統：HT
樹形：半直立性

優雅的果香氣味，半劍瓣平開形，紫色系玫瑰，抗病性強好照顧。適合新手的玫瑰之一。

發表年：2009 年
育出者：Dominique Massad
育出國：法國

盆庭 四季

香水喜悅
— Perfume Delight —

系統：HT
樹形：半直立性

濃郁香水大馬士革強香芬芳玫瑰，巨大輪高心半劍瓣花形，開花性佳，庭園中在遠遠就可以看到她的美麗身影。

發表年：1973 年
育出者：Swim & Weeks
育出國：美國

盆庭 四季

美麗的你
— You're Beautiful —

系統：HT
樹形：半直立性

淡淡香味，淺淺香檳粉色系。開花性強、抗病性優，亮麗的高心劍瓣花型，是庭園中常見開花品種。

發表年：2007 年
育出者：Gareth Fryer
育出國：英國

盆庭 四季

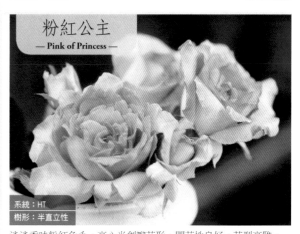

粉紅公主
— Pink of Princess —

系統：HT
樹形：半直立性

淡淡香味粉紅色系，高心半劍瓣花形，開花性良好，花型高雅。

發表年：2008 年
育出者：河本純子
育出國：日本

盆庭 四季

灌木玫瑰

英國玫瑰

淡雪
— Awayuki —

系統：S
樹形：半直立性

白色單瓣花，微微香氣，灌木型生長勢優、生命力強，開花性佳，
是庭園中熱鬧品種之一。

發表年：1990 年
育出者：鈴木省三
育出國：日本

盆庭 四季

博教堂金鐘
— Bow Bells —

系統：ER
樹形：半直立性

中輪微香，粉紅色圓瓣球型，以聖瑪利·勒·博教堂之金鐘，位
於英國倫敦舊市區教堂金鐘來命名。

發表年：1991 年
育出者：David Austin 大衛奧斯汀
育出國：英國

盆庭 四季

舍農索城堡的貴婦
— Dames de Chenonceau —

系統：S
樹形：半直立性

粉紅色系圓杯型大花，濃烈強香，可為庭園增添不少的香氣。

發表年：2002 年
育出者：Delbard
育出國：法國

盆庭 四季

遺產
— Heritage —

系統：ER
樹形：半直立性

粉紅色杯型花，香氣濃烈，開花性優、花型高雅、少刺，抗病性強，
是值得收藏的玫瑰之一。

發表年：1984 年
育出者：David Austin 大衛奧斯汀
育出國：英國

盆庭 四季

紫霧
— purple haze —

系統：S
樹形：半橫張性

無香味，深紫紅色單瓣花4～7枚花瓣，耀眼的紫紅色，生長勢優、抗病性強。

發表年：1993 年
育出者：Hans Jürgen Evers
育出國：德國

盆庭 四季

自由精神
— Spirit of Freedom —

系統：S ER
樹形：半橫張性

濃郁香氣的玫瑰，粉紅色圓杯花形，種植越久開花性較佳，是不錯的庭園或盆花玫瑰。

發表年：2002 年
育出者：David C. H. Austin
育出國：英國

盆庭 四季

藍色奧塔
— outta the blue —

系統：S FL
樹形：半直立性

強香丁香氣味，圓瓣杯型、四季開花，植株強健，株型半橫張性一枝多花，原本要育出藍色玫瑰，結果還是紫色的玫瑰。

發表年：2000 年
育出者：Tom Carruth
育出國：美國

盆庭 四季

佛羅倫斯
— Florence Delattre —

系統：S
樹形：半直立性

屬淡淡香料般香味，鮭魚色半劍瓣平開形，生長勢強健，抗病性強，豐花一簇 3～5 朵。

發表年：1991 年
育出者：Dominique Massad
出國：法國

盆庭 四季

裘比莉慶典
— Jubilee Celebration —

系統：S ER
樹形：半橫張性

濃郁強香玫瑰，鮭魚色的粉紅，抗病性強，初學者非常好種植的玫瑰花選項之一。

發表年：1998 年
育出者：David C. H. Austin
育出國：英國

盆庭 四季

斯賓諾拉．侯爵夫人
— Marquise Spinola —

系統：S
樹形：半橫張性

強烈的果香味，遠遠就可以聞到香味，多花性抗病性強。溫和粉紅色系開花性佳，適合較大空間者種植。

發表年：1996 年
育出者：Dominique Massad
育出國：法國

盆庭 四季

蔓性玫瑰

茶玫瑰

夜梟
— Night Owl —

系統：CL
樹形：半橫張性

花形花色看似夜間貓頭鷹的眼睛因而命名，四季開花容易栽培，植株呈攀緣性蔓藤，可攀爬拱門或花柱，適合遮陰棚架栽種。

發表年：2005 年
育出者：Tom Carruth
育出國：美國

盆庭 四季

替利爾先生
— Monsieur Tillier —

系統：Tea
樹形：半橫張性

淡淡的茶香味，生長勢強、耐陰性及抗病性佳，適合新手好種植的茶玫瑰。

發表年：1891 年
育出者：Alexandre Bernaix
育出國：法國

盆庭 四季

大遊行
— Parade —

系統：CL
樹形：半橫張性

濃郁強香玫瑰，圓瓣古典杯型，非常醒目的桃紅色，花朵大、強健多花，是非常優秀且生命力強盛的蔓性玫瑰，適合初學者。

發表年：1953 年
育出者：Eugene S. "Gene" Boerner
育出國：美國

盆庭 四季

肯特夫人
— Mrs.Benjamin R. Cante —

系統：Tea
樹形：半橫張性

微微茶香，深粉紅色古典杯型，植株半橫張，抗病性優秀，耐熱、耐日陰，適合大空間地植花量超多，初學者也可輕易栽培成功。

發表年：1901 年
育出者：Benjamin R. Cant & Sons
育出國：英國

盆庭 四季

紫曦
— Twilight Zone —

系統：Grandiflora
樹形：半直立性

濃郁強香玫瑰，暗紫色系多花，抗病性強、花期長，適合新手或接樹玫瑰。

發表年：2011 年
育出者：Tom Carruth
育出國：美國

庭 四季

壯花玫瑰

莫梅森的紀念品
— Souvenir de la Malmaison —

系統：Bourbon
樹形：半橫張性

濃郁強香玫瑰，淡粉色系，開花性優、生長強勢，抗病性強。是相當美好的玫瑰品種。

發表年：1843 年
育出者：Jean Beluze
育出國：法國

庭 四季

波旁玫瑰

太陽神
— Apollo —

系統：F
樹形：半直立性

花朵碩大，時有濃烈或時有淡淡果香味。以太陽一般的耀眼來命名。

發表年：2016 年
育出者：陳俊吉
育出國：台灣

庭 四季

美加美玫瑰園
陳俊吉
育出

玫瑰栽培完全聖經

監　　修　鈴木滿男
譯　　者　謝靜玫、謝蘠鎂
社　　長　張淑貞
副總編輯　許貝羚
主　　編　王斯韻
責任編輯　鄭錦屏
特約美編　謝蘠鎂
行銷企劃　曾于珊
版權專員　吳怡萱

發 行 人　何飛鵬
事業群總經理　李淑霞
出　　版　城邦文化事業股份有限公司　　麥浩斯出版
E-mail　cs@myhomelife.com.tw
地　　址　104 台北市民生東路二段 141 號 8 樓
電　　話　02-2500-7578
傳　　真　02-2500-1915
購書專線　0800-020-299
發　　行　英屬蓋曼群島商家庭傳媒股份有限公司城邦分公司
地　　址　104 台北市民生東路二段 141 號 2 樓
電　　話　02-2500-0888
讀者服務電話　0800-020-299（9:30AM~12:00PM；01:30PM~05:00PM）
讀者服務傳真　02-2517-0999
劃撥帳號　19833516
戶　　名　英屬蓋曼群島商家庭傳媒股份有限公司城邦分公司

香港發行城邦〈香港〉出版集團有限公司
地　　址　香港灣仔駱克道 193 號東超商業中心 1 樓
電　　話　852-2508-6231
傳　　真　852-2578-9337
新馬發行　城邦〈新馬〉出版集團 Cite(M) Sdn. Bhd.(458372U)
地　　址　41, Jalan Radin Anum, Bandar Baru Sri Petaling,57000 Kuala Lumpur, Malaysia.
電　　話　603-9057-8822
傳　　真　603-9057-6622

製版印刷　凱林印刷事業股份有限公司
總 經 銷　聯合發行股份有限公司
電　　話　02-2917-8022
傳　　真　02-2915-6275
版　　次　初版 9 刷 2024 年 2 月
定　　價　新台幣 550 元／港幣 183 元
Printed in Taiwan

國家圖書館出版品預行編目（CIP）資料

玫瑰栽培完全聖經 / 鈴木滿男監修 ; 謝靜玫,謝蘠鎂譯. -- 初版.
-- 臺北市：麥浩斯出版：家庭傳媒城邦分公司發行, 2016.08
　面；　　公分
譯自：決定版 美しく咲かせるバラ栽培の教科書
ISBN 978-986-408-177-6（平裝）

1. 玫瑰花 2. 栽培

435.415　　　　　　　　　　　　　　　　　105009317

《決定版 美しく咲かせるバラ栽培の教科書》

採訪協力 ──── 京成バラ園芸株式会社
設　　計 ──── 佐々木容子（KARANOKI DESIGN ROOM）
攝　　影 ──── 石崎義成　戸井田秀美　中居惠子　倉本由美
插　　畫 ──── 今井未知　小春あや
執筆協力 ──── 中居惠子　小野寺ふく実
編輯協力 ──── 倉本由美（brizhead）

The Roses Gardener's Bible

The Roses Gardener's Bible